Q&Aで理解する 実験室の安全 ［生物編］

野村港二 ……著

みみずく舎

序

　組換え DNA 実験に代表される現代の生物実験が致命的な大事故を起こしてこなかったのは，Berg らが 1974 年に Science 誌上で訴えたモラトリアル宣言 Potential Biohazard of Recombinant DNA Molecules と，それに引き続く 1975 年のアシロマ会議の成果といっても過言ではない．組換え DNA 技術が実現したにもかかわらず，安全性の確保が必要であることを認識した世界の研究者は Berg らの意見に従って実験を一時停止し，アシロマで一堂に会して安全を確保する方法を論じた．これが現代でも我々が守っている組換え DNA 実験に係わる法律の基礎となった．一般的に法律や規則を守るにも，努力が必要だが，組換え DNA 実験の規則は守りやすく合理的であることに逆に驚かされる人も少なくないだろう．組換え DNA に係わる規則は仕事を円滑に進める助けにこそなれ，うっとうしい存在ではない．規則が研究者の自己規制と熟慮によって合理的につくられたからである．

　安全とは，そういう合理性から生まれるものではないだろうか．ただ規則をつくっても守られなければ意味がないどころか，二重帳簿や隠蔽という形で事故を生む温床にすらなりかねない．東日本大震災に関連する様々な出来事で，我々は今もそのような問題を抱えたまま生活している．もっとも，人の悪口をいう前に，今一度自分の足元の安全について考えてみてもよいのかもしれないとも思う．

　だいぶ前のことになるが，実験の安全についてリアリティーをもって分かりやすく書かれた『Q&A と事故例でなっとく！　実験室の安全［化学編］』に続く［生物編］をつくりませんかという話をいただいた．ところが，いざ書き始めてみると事故や失敗例を集めるのに苦労した．幸か不幸か，生物実験では化学や物理学の実験に比べれば爆発や火災などの大きな事故は起こしにくい．しかし，発癌物質など生体に直接作用する薬品や，始めにとりあげたようにバイオハザードなど潜在的な危険性をもつものも扱う．一方，対象となる生体や細胞などがデリケートな生き物であることへの配慮も必要である．生物学実験では事故とともに，生き物や生物活性のある分子を扱うが故の失敗も問題になる．そんな失敗例まで何とか集めたのだが，結果としてほとんどが私自身が直接起こしたか，ごく近くで

目にしたり聞いたりした実例である．「音声と映像は換えてあります」程度に事実をモディファイしたものもあるが，完全なフィクションはない．よくも様々な事故や失敗，あるいは問題となる例が起きるものだと，校正稿を読み返しながら改めて呆れている．

　事故や失敗の多くは，確認やコミュニケーション不足，事実の誤認や知識の欠如によることも，読み返して再認識した．そういう意味で学生諸君には「基本を勉強しなさい」「化学や物理，地学の知識がなければ生物学実験をするのは危険だ」などと教師のようなことをいいたい気持ちもある．しかし，最初に書いたとおり合理的に実験を進めれば安全が確保されるような環境を，我々側がつくる努力も必要であろう．本書が，これから実験を始める皆さんと，実験環境を整備し指導する皆さんの双方のヒントになれば幸いである．

　最後に，本書の出版にあたり，企画，編集等において多大のご尽力をいただいた，みみずく舎／医学評論社の編集部の皆様に厚く御礼を申し上げます．

2012年5月

野村　港二

目　次

I　実験作法のいろは………………………………………………………… 1
　　―実験の前に―
　　Q 1　実験室の特別マナーは　　2
　　Q 2　実験ノートや記録のとり方は　　4
　　Q 3　生物実験に必要な単位系と言語は　　6
　　Q 4　実験に欠かせないシンボルマークや掲示　　8
　　Q 5　実験の準備　　10
　　Q 6　実験での時間の管理の方法は　　12
　　Q 7　製品カタログをこんなときに使っては　　14
　　―薬　品―
　　Q 8　試薬や器具は英語名も知っておく　　16
　　Q 9　試薬のラベルには大切な情報があります　　18
　　Q10　試薬を安全に取り扱うには　　20
　　Q11　実験内容にあった試薬の選定はどのように　　22
　　Q12　染色液や色素にも危険がありますか　　24
　　Q13　酵素試薬の取扱いで気をつけることは　　26
　　Q14　試薬を保管するときに気をつけることは　　28
　　Q15　試験管やメディウム瓶のラベルの書き方は　　30
　　Q16　試薬を量り取るときに気をつけることは　　32
　　Q17　測容器にはどんなものがありますか　　34
　　Q18　試薬を溶かすコツは　　36
　　Q19　pHを測定するときの注意点は　　38
　　Q20　緩衝液の選択法とつくり方のコツは　　40
　　Q21　薬品の冷蔵・冷凍保存で気をつけることは　　42
　　Q22　溶液を安全に保管するには　　44
　　コラム：ゴミ箱―普通の世界への通り道―　　46

II 生物材料と実験操作法……………………………………………… **47**

　　―生物材料―
　　Q23　生きている材料に対する心得は　*48*
　　Q24　人工気象器での栽培がうまくいかないのは　*50*
　　―生物材料の操作―
　　Q25　実験圃場での作業で気をつけることは　*52*
　　Q26　フィールドワークで気をつけるべき点は　*54*
　　Q27　生物材料の冷凍保存における留意点は　*56*
　　Q28　実験には緩急のアクセントが必要　*58*
　　Q29　材料をすりつぶすときの留意点は　*60*
　　Q30　組織や細胞，オルガネラ単離の留意点は　*62*
　　Q31　生体高分子の扱いで気をつけることは　*64*
　　Q32　生体分子の定量で考えるべきことは　*66*
　　Q33　核酸の電気泳動を安全に行うには　*68*
　　Q34　PCRがうまくいくコツを教えてください　*70*
　　Q35　酵素などの活性の基準は　*72*
　　Q36　タンパク質の電気泳動で気をつける点は　*74*
　　Q37　抗体を上手に使うコツは　*76*
　　―無菌培養―
　　Q38　滅菌を安全確実に行うには　*78*
　　Q39　オートクレーブの安全な使い方は　*80*
　　Q40　沪過滅菌の留意点は　*82*
　　Q41　無菌培養とはどのようなもの　*84*
　　Q42　無菌操作を安全に行うには　*86*
　　コラム：タオル―チョイ汚れの必須アイテム―　*88*

III 実験器具・装置と操作法……………………………………… **89**

　　―器具と操作―
　　Q43　必ず実験器具を点検しよう　*90*
　　Q44　実験台で守るべきマナーは　*92*
　　Q45　流しはこんな風に使おう　*94*
　　Q46　実験器具の洗浄で気をつけることは　*96*

- Q47　純水の使い方は　*98*
- Q48　ガラス製器具の安全な取扱いは　*100*
- Q49　プラスチック製器具の安全な取扱いは　*102*
- Q50　金属製器具の安全な取扱いは　*104*
- Q51　実験室での「紙」アラカルト　*106*
- Q52　安全な加熱って　*108*
- Q53　冷却にこんな危険が　*110*
- Q54　インキュベーションで気をつけることは　*112*
- Q55　いろいろな振盪がありますね　*114*
- Q56　撹拌と溶解操作で気をつけることは　*116*
- Q57　沪過操作で気をつけることは　*118*
- Q58　濃縮や蒸発操作で気をつけることは　*120*
- Q59　生物試料を乾燥させるには　*122*
- Q60　沈殿や上澄みの回収と再懸濁のコツは　*124*

　　―装　置―
- Q61　サンプルをリンスするときは　*126*
- Q62　サンプルを運ぶときに気をつけることは　*128*
- Q63　微量遠心で気をつけることは　*130*
- Q64　高速遠心で気をつけることは　*132*
- Q65　分光光度計で気をつけることは　*134*
- Q66　写真を撮るときは　*136*
- Q67　光学顕微鏡で気をつけることは　*138*

　コラム：お出かけバッグ―とっさの時に困らぬために―　*140*

IV　実験環境のいろは　……………………………………… **141**

　　―実験環境と安全―
- Q68　蛍光顕微鏡観察で気をつけることは　*142*
- Q69　顕微鏡で細胞数や組織の長さを測定するには　*144*
- Q70　電子顕微鏡観察で気をつけることは　*146*
- Q71　バイオハザードの取扱いは　*148*
- Q72　予期せぬ事態に備えるために　*150*
- Q73　電気を使うときの安全は　*152*

Q74	火事などへの対処は　*154*
Q75	実験室の地震対策は　*156*
Q76	停電への対策は　*158*
Q77	実験廃液と廃棄物を処理するには　*160*
Q78	実験排水で気をつけることは　*162*
Q79	生物体の廃棄の方法は　*164*

　　コラム：傘立て―安全は便利より優先されねばならない―　*166*

索　引……………………………………………………………**167**

I 実験作法のいろは

Question

1 実験室の特別マナーは

Answer

　実験室には，化学薬品，高温や超低温，高電圧，バイオハザードなど日常生活では出会わない危険がある．その空間に慣れ，感覚が麻痺した従事者による無意識の操作が，時として重大な事故を招く．

1．基本のキは

① 実験室での飲食や喫煙は絶対禁止．
② 白衣などの防護衣を着用する．実験に影響を及ぼす物質や微生物の実験室への侵入を防ぎ，薬品やバイオハザードを外部に持ち出さないため，白衣などは実験室の出入り口で着脱する．有害物質が付着している可能性がある白衣は使い捨てにするか，専用の洗濯機で行う．
③ 手を汚染から守り，逆に手の汗や油に含まれる成分の試料への混入を防ぐという二重の目的から，実験の前後には必ず手を洗うとともに，実験中はプラスチック製手袋を着用する．手袋の表面は汚染されている可能性があるので，実験室外でも使うパソコンなどに触れるときや，一時的にでも実験室を出るときにははずす．
④ 服装や履物は，軽い運動ができる程度の軽快なものが望ましい．素足がさらされるサンダル履きなどは避ける．
⑤ 実験室内では，不要な会話によって集中力を妨げてはならないが，円滑な情報の共有は安全確保に欠かせない．実験室の実情にあわせた会話のルールをつくっておくとよい場合もある．

2. 自ら守ろう

① 実験器具や装置は，必ず使用前と使用後に点検し，必要な保守を行う．直前の使用者が基本的な終業点検を忘れても，次の使用者が始業点検を怠っても，こうすれば安全が確保できる．

② 自分が占有している実験スペース以外は，どのような試薬や材料，器具が使われていたか不明なので，清掃する前に手をつかない，また不用意に筆記用具などの日用品をおかないなどの配慮をする．

③ 機器や器具は，その実験室での使い方を習い，学生実験室などでは使用を指示された場合だけ使用が許される．使い方を習っていない機器，器具以外には触れてはならない．

3. 特殊なマナーにも気をつける

① レバー式の水道栓を手の甲で開閉することがある．普通，汚れは手のひらについているので，手のひらで水道栓を開けると，栓を締めるときに再び汚れが付着するかもしれない．スイッチ類の操作も同様である．

② 試験管を落として割ったときなどに大声をあげるのは禁物である．悲鳴をあげてしまうと，周囲の人をパニックに陥らせる．冷静かつ確実に状況を伝えられるよう，事故対応の練習をしておこう．

③ 手が滑ってビーカーを割ってしまったり，顕微鏡の対物レンズを汚してしまったりしても，故意や重大な不注意でない限り事故とみなされる．特に学生実験室では，小さなミスは起こる．どう対処するかわからないときには，直ちに先輩や教員に申し出る．教員も，報告したことを評価した上で対応を教えるようにする．

失敗例

● 放射性同位元素を使う実験室（RI 室）の自主検査をしていたら，室内のドアノブに汚染を見つけた．手袋に微量の溶液が付着しても気がつかないことが多い．その手袋でドアノブを触ったため汚染させた．汚染を広げないための手袋が，意外にも汚染源になることがある．

● 顕微鏡の対物レンズの汚れを放置した結果，レンズのコーティングが部分的にはがれてしまった．小さな事故やミスも，放置してはいけない．

Question
2 実験ノートや記録のとり方は

Answer

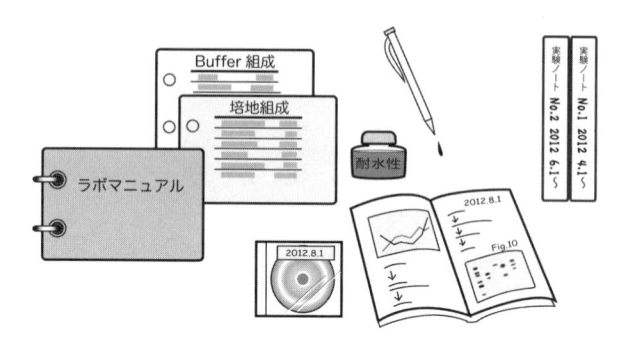

　実験室での記録には，実験ノート，薬品の管理簿や機器の使用記録簿（log book），緩衝液やサンプルなどのラベル，指示や伝達のためのメモなどがあり，データや画像の電子ファイルも多い．

1．まずは実験ノート

① 実験ノートには，糸綴じの大学ノートが適している．ルーズリーフは項目ごとに分類できるが，散逸しやすい欠点がある．

② ページの上マージンには，日付と，そのページのタイトルを明記する．日付をさかのぼれば，必要な記録にたどりつける．

③ ノートには，研究に関する全ての出来事を時系列で記録する．結果だけでなく，アイディア，仲間からのアドバイスも書き，電子メールのプリントアウトや郵便物の封筒，分析機器から出力されたチャートの写し，写真や，メンブレンフィルターなどもノートに貼り付ける．

④ 筆記具には，水や有機溶媒，熱や紫外線にさらされても退色しないことから，普通の鉛筆が優れている．擦れに弱く，消しゴムで簡単に消せてしまうのが嫌なら，耐水性をもつ顔料インクのペンを使う．

⑤ 実験ノートは英語でつけるようにしておくと，海外の研究者や留学生とのやりとりが楽になることが多い．

2．電子ファイルと実験ノートのリンク

　電子ファイルとして保管されているデータの場合，実験ノートにはドライブ名

やファイル名，CDのタイトルなどを明記しておく．
  ① 電子ファイルの名前を場当たり的につけてはいけない．ファイルを探せなくなったり，誤って削除してしまう原因になる．ファイル名の一部に日付を入れるなど，ノートの記録とリンクしやすくする．
  ② 感熱紙や時間がたつと消えてしまうプリントは，電子ファイルにするか，コピーして保管する．なお，プリンターやコピー機のトナーは有機溶媒で簡単に流れてしまうことにも注意する．

3. 実験ノートとラボラトリーマニュアル
緩衝液や培地のつくり方，いつも同じ条件で行っている操作などは，実験ノートとは別にクリアホルダーや厚手の紙に記録したラボラトリーマニュアルとする．

4. 実験ノートは誰のもの
欧米では，研究テーマはもとより，実験ノートやデータも「ボス」のものである．留学の終了時にノートの返却を怠ると訴追されかねない．

5. 試薬やサンプルに貼り付けるラベル
「誰が」「いつ調製した」「何か」を明記する．

6. メモは一過性
一過性のメモ類は，不要になったらすぐ処分する．注意事項の張り紙だらけでは，誰も気にもとめない．

失敗例

- 小さな文字でびっしりノートを書くF君は，過去の実験記録が探せない．もったいないと思わずに，毎日新しいページに日付と見出しをつけて書き始めれば，後で検索しやすい．
- 論文執筆中に，緩衝液の濃度を間違えていたのが発覚．ノートをたどると，ある日から小数点の位置がずれていた．溶液のつくり方などは，実験のたびに書き直さず，ラボラトリーマニュアルを見て作成する．
- 恩師は，データをティッシュペーパーの箱にメモしていた．「あのデータどれだけ？」などと，あちこちの箱をひっくり返してデータを確認する．とっさのメモは必要だが，すぐノートに書き写そう．

Question
3 生物実験に必要な単位系と言語は

Answer

　生物実験では，化学名には化学式，物理量にはSI系単位を用いる．日常生活ではあまり馴染みのない用語もあるが，安全で確実な実験のためには，これらをきちんと理解する必要がある．また，研究に関する情報をどんな言語圏の研究者とも共有するトレーニングのために，実験ノートは英語でとりたい．

1. 国際単位系（SI）

　国際単位系（SI）として，以下の7つの基本単位が定義されている．学術雑誌などでは，原則としてSIを用いて物理量を書き表す．

　　長　さ：メートル（m）
　　質　量：キログラム（kg）
　　時　間：秒（s）
　　電　流：アンペア（A）
　　熱力学温度：ケルビン（K）
　　物質量：モル（mol）
　　光　量：カンデラ（cd）

　速度や力，熱量などはこの7単位から数値係数を含まない乗除算で導ける．一方，水の比熱という係数を含むcalなど，よく使われるがSIからはずれた単位は少なくない．

2. 溶液の濃度を表す

　溶液の濃度はモル濃度で表すのが原則だが，容量パーセント，すなわち溶液

100 mL 中の溶質の質量のパーセントもよく使われる．溶液と溶質を質量で量る重量パーセントとは異なるので注意が必要である．

① mol と M：物質の量は mol で表す．一方，モラーと読まれる M は，1 L 当たりの mol 数で溶液の濃度を表す単位である．
② w/v と v/v：溶液の容量中の溶質の質量をパーセントで示したのが w/v であり，いずれも容量で示したのが v/v である．
③ 吸光度：ランベルト・ベールの法則（Q65 参照）が成立する場合には，溶液の濃度を特定波長の光の吸光度で測定できる．吸光度は 0 から 2 程度までが信頼できる範囲だが，便宜上この範囲を大きく超え，例えば DNA 溶液の濃度を 260 nm の吸光度で $A_{260} = 15$ などと表すこともある．

3．位どりを表す

10^3 を表すキロ（k），10^{-2} のセンチ（c），10^{-3} のミリ（m）などだけでなく，実験では 10^{-6} のミクロン（μ），10^{-9} のナノ（n），10^{-12} のピコ（p）などもよく用いられる．

4．酵素試薬や抗生物質の単位，放射性同位元素の比活性

酵素試薬では活性を表すユニット（U）が使われる．抗生物質では力価という単位も用いられる．活性の定義はカタログなどに示されている．また，放射性同位元素など標識化合物では，全体の中の標識された分子の割合を示す比活性（specific activity）も重要である．

失敗例

- DNA の 5′ 末端を修飾しようと考えた．実験書には DNA の量は mol で，塩類は M で記載されている．DNA 溶液の濃度は mg/L でわかっているが，何 μL を量り取れば必要なモル数になるかわからない．適当に混ぜたら，やっぱり失敗．このケースでは，分子の末端の数が大切なので，質量ではなく分子の数，すなわちモル数が大切になる．
- 0.5 M NaCl，3 mM $CaCl_2 \cdot 2H_2O$，2%（w/v）マンニトールの溶液を 100 mL つくるよう指示したら，学生たちは戸惑うばかり．NaCl の分子量は 58.44 だから，0.5 M 溶液を 100 mL つくるには，$58.4 \times 0.5 \times 100/1{,}000 = 2.92$ g を量り取る．同様に，$CaCl_2 \cdot 2H_2O$ は $147 \times 3/1{,}000 \times 100/1{,}000 = 0.044$ g，マンニトールは $100 \times 2/100 = 2$ g を量り取り，これらを全て溶解して 100 mL とすればよい．一つずつ計算して足せばよいのだよ．

―― Question ――

4 実験に欠かせないシンボルマークや掲示

―― Answer ――

　実験室の内外や，試薬瓶にはさまざまなサインやシンボールマークが使われている．多くは危険性や有害性を知らせるものなで，マークの意味を知っておくことは大切である．また，決められたマークでなくても，機器が連続運転中であることを示すことを掲示する場合もある．

1. 実験室の使用目的を知らせるシンボルマーク

① 組換え DNA 実験：組換え DNA 実験を行う実験室，組換え体を保管している実験室，滅菌処理前のバイオハザード廃棄物の入った容器やバッグに掲示される．実験室のレベルなどは文字で掲示されている．

② 放射性同位元素（RI）：放射性同位元素を取り扱う施設や実験室に掲示される．このシンボルマークと同時に「管理区域」の表示がある部屋へは，入室を許可された者以外は原則として立ち入ることが禁止されている．

2. 試薬の危険性を知らせるシンボルマーク

① 猛毒性：毒物及び劇物取締法（毒劇法）の毒性など，特に毒性の高い試薬に掲示されている．吸引したり，皮膚と接触すると非常に危険である．使用には実験用手袋とゴーグルを着用しドラフト内で作業を行うなどの配慮が必要である．

② 毒性および有害性：毒劇法の毒物や，変異原性が認められる試薬に掲示されている．どのような有害性をもつかが試薬瓶に明示されていれば熟読する．そうでない場合も事前に調べた上で，十分な防護を行って扱わなければならない．

③ 引火性，可燃性，自然発火性：消防法に定められている試薬類に掲示されている．引火性や可燃性の程度は，マークとともに文字で表示されている．これらを使用する場合には，準備段階で，周囲に火気がないことなど安全を確認しておく．

3. 自身で行う掲示類

機器を一晩連続運転（オーバーナイトラン）するときや，高温で使用しているとき，あるいは予約したいときなどには，それを伝えるメモを掲示する．

① オーバーナイトラン：機器を長時間占有し，かつ自分はその場を離れるときには，必ず「使用者の氏名」「連絡先」「運転開始時刻と終了予定時刻」を明記し，必要に応じて遠心機であれば回転数，インキュベーターであれば設定温度なども書いておく．次の使用者は「終了予定時刻」にやってくると考え，確実に運転が終了している時刻を書くようにする．

② 危険を伴う実験に伴う掲示：例えばホットスターラーを高温で使用して余熱が残っている場合や，ミクロトームなど怪我をする可能性のある機器の使用中に一瞬席をはずす場合などは，その機器の前などに「HOT！」「HANDS OFF」などと，大きく掲示しておく．

問題例

● 「電源立ち下げ済み」という掲示を見たことがある．パソコンのスイッチを入れるときに「立ち上げる」というので，電源を落として安全を確認してあるという意味で「立ち下げ」と書いたのだろうが，そんな言葉はない．掲示は誰にでもわかるものでなければならない．

Question 5 実験の準備

Answer

　実験は肉体労働と割り切り，事前に作成した実験計画書に従い，途中で方法を考え直したりしないようにする．実験計画書は自分に対する指令書である．さらに，予備の器具や試薬類の準備，統計処理を前提としたデータのとり方，廃棄物処理を含めた安全の確保などを確認しておく．

1. 予備実験

　データをとるための本実験の前には，数回の予備実験が必要である．溶液の量や反応時間，遠心条件などは，予備実験を通して決定しなければプロトコールに明記することはできない．また，危険な試薬を扱う場合には，その試薬のかわりにインクなど無害なものを用いて操作中の汚染状況を把握する予行演習（コールドラン）を行って，実験台上の器具の配置や被爆対策を講じる．

2. 材料や器具，機器の準備

① 生物材料の品種や系統を選択し，齢や栄養状態をそろえる．
② 器具の準備は，前日までに終えるようにする．滅菌などの前処理が必要な器具については，必要な数量の1割程度の予備を準備する．
③ 分析機器や遠心機などの機器を予約する．
④ 電気泳動などに，必要な緩衝液の容量を確認する．

3. プロトコールに書くべきこと

　実験の流れを記したプロトコールには，実験の手順を箇条書きにするとともに，以下の情報を書き出す．

① 必要な器具名と，数量．
② 緩衝液など溶液のモル濃度による組成．さらに，必要に応じて試薬を何グラム量り何 mL にするのかの具体的な数値．
③ 個々の操作に要する時間と，全体に必要な時間などタイムスケジュール．全体に必要な時間は，予備実験や経験に基づいて勘案する．

4. 統計的な処理のために

データを統計的に検討するための反復や，信頼性を高めるために試料の内容を見ずにデータを得るブラインドテストの方法などについて，あらかじめ検討しておく．データのポイントが多い場合には，測定もれなどがないように，データを記載するためのデータシートを準備する．

5. 写真を撮るとき

あらかじめ，何を撮るのか，どのタイミングで撮るのかを決めておく．絵コンテをつくっておくとよい．出たこと勝負のスナップ写真は，サイエンスでは通用しない．

失敗例

● 2009 年夏の国際生物学オリンピックで，リンゴとカイコを材料にした解剖学実技試験での出来事．冬から低温室に貯蔵されていたリンゴは腐り，一方のカイコは試験前日に病気で大量死．あわや解剖学実技中止かと冷や汗をかいた．変質，死亡，生育不良など生物材料は実験者の思い通りにはならないことも多い．

● 膨大な数の試験管を相手にして 2 週間休まずにデータをとり続けた S さん．十分な標本数があったのに，毎日の測定値の平均だけしか記録していなかったので，統計処理ができず実験はやり直しになった．実験を始める前に，データ処理の方法まで考えておかなければならない．

Question 6 実験での時間の管理の方法は

Answer

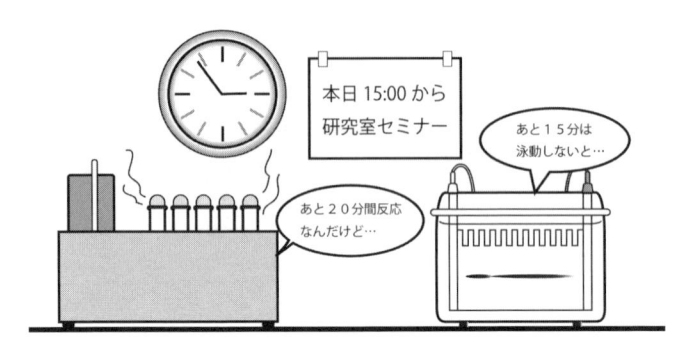

　生物は生きている限り刻々と変化を続けているので，時間という感覚は生物を扱う上で欠かすことができない．実験では，反応時間やインキュベーション時間を管理することが求められる．

1．タイムスケジュール

　タイムスケジュールは実験計画の一部である．開始時刻や反応待ちの時間帯を把握しておかないと，予期せぬ徹夜を強いられたりする．

① プロトコールは，準備の時間，ある反応から次の反応に移るための時間，遠心後に沈殿を処理する時間なども考慮して作成する．それぞれの操作に必要な時間を日頃から実測しておき，実験全体にかかる時間を概算する．

② 実験計画を立てるときには，その実験を終える予定時刻から逆算する．反応などの長い待ち時間を昼食やセミナーなどに重ねて，実験の開始時刻を決定する．

③ 実験計画書には，装置の暖機や，器具の予冷を始めるべきタイミングも書く．例えば，もし実験開始時に器具が0℃になっている必要があるのなら，それに要する時間分だけ早く開始するか，あるいは前日から冷蔵庫に保管して帰るなどの配慮が必要である．

2．時計やタイマーの選択

① 掛け時計：秒針が読めるアナログの掛け時計は，時刻と，反応などの時間経過が把握できる．はじめて行う実験では，ノートに途中の時刻をメモしてお

くと，次の実験計画の参考になる．
② キッチンタイマー：インプットした時間がくるとピッピとなる逆算式のタイマーは，研究者の必需品．首からかけている人も多い．
③ ストップウオッチ：表示が滑らかなので，反応時間を正確に制御するときなどには欠かせない．
④ 携帯電話：使用が許されていれば，時計として利用できる．

3．正確にすべきときと，多少の誤差が許されるとき

プロトコール中に指定されている反応やインキュベーション時間には，どうしても正確に守らねばならないものと，さほど正確さを必要としないものがある．はじめのうちはプロトコールに正確に従うべきだが，実験操作の原理を考えれば正確さが絶対ではない箇所がわかってくる．

失敗例

- 終了時刻から逆算して，朝9時から実験を始めたDさん．すり潰した試料を低温のまま遠心しようとして気がついた．ローターが冷えてない！プロトコールには時間軸にそって，するべき操作を書いておこう．
- 指導教官に「何分間インキュベートしましたか」と聞かれて，時計を見ていなかったのに気づいた「あっ，いけない」．無言で去った指導教官を眼で追いながら，先輩の一言．「時間を管理できないことがわかると，信用なくすぞ」．実験中は，ときどき時刻を気にする習慣をつけよう．
- Tさんは，計画通りの時間で実験が進められず，反応時間が守れない失敗を繰り返している．操作に必要な時間を日頃から記録しておけば，一度に処理できるサンプル数で行うなど，無理のない実験計画が立てられる．実験中，プロトコールの要所ごとに通過時刻を書きとめておくと，後で役に立つ．

Question 7 製品カタログをこんなときに使っては

Answer

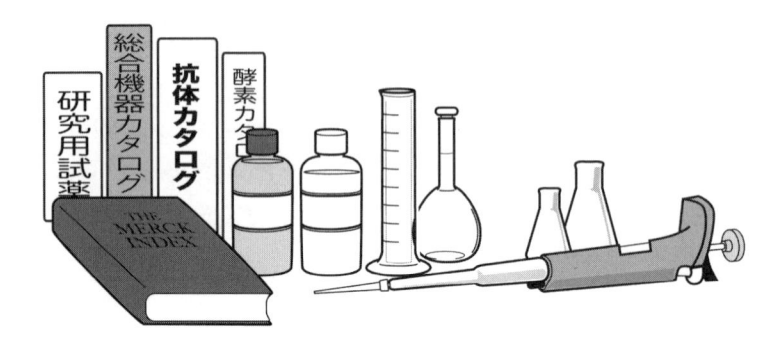

製品カタログには実験を安全に進めるための情報がつまっている．本書から得られるような一般的な知識と，カタログから得られる個々の製品についての情報は，いずれも実験に欠かすことはできない．

1. 機器のカタログでわかるXとは

① ガラス，樹脂，金属でつくられている器具の場合，素材の特性が明記されている．ガラスの場合には，硬質ガラスが一般的だが，樹脂の場合には素材によって用途が限定されるので，この情報は重要である．金属の場合も，耐食性を知ることができる．事故を避けるために，欠かせない情報である．

② 製品の正確な寸法や重さを知ることができる．試験管や他の実験器具などの正確な寸法を計測するのは意外に大変だったりする．

③ 濾紙やフィルターなどの用途や有効孔径などを知ることができる．これらの情報は製品のパッケージには書かれていないこともある．

④ 測容器，すなわちメスシリンダーやピペット，メカニカルピペット類の精度を知ることができる．これも，製品には書かれていない．知らなくても事故に直結はしないが，失敗にはつながる．

2. 試薬のカタログでわかるYとは

かのMerck Indexは事典として販売されているし，Worthingtonの酵素カタログ，Takaraの分子生物用カタログ，Funakoshiの抗体カタログなどはテキストにもなりうる．

① 試薬の危険性にかかわる情報が，記号などで明示されている．特に製品安全データシート（Material Safety Data Sheet, MSDS；Q10）に関しての情報原としてカタログは有用である．
② 試薬の保管法，特に温度管理に関して購入前に知ることができる．
③ 試薬の純度を知ることができる．
④ 酵素カタログでは，基質特異性，反応条件などの詳細な情報が得られる．

3. カタログのもう一つの活用法Zとは

　国内の大手メーカー，大手ディーラーが発行しているカタログには，製品の日本名，英語名，試薬の場合には化学式が併記されている．英語の辞書や，学術用語集などにはでてこない単語も少なくない．製品の名前を英語でも正確に知っておくことは，海外の研究者との共同研究の現場でも安全確保の第一歩だ．活用しない手はない．

4. カタログを入手するには

　まだ研究室に所属していない学生諸君にもオンラインカタログなら自由に使えるが，冊子体のカタログは使い勝手がよい．ディーラーやメーカーに頼めば，冊子体のカタログを快く届けてくれる．参考資料として使うのであれば，数年前のカタログでも十分使えるので，研究室でカタログを更新するときに古いのをもらう方法もある．

失敗しない例

● 制限酵素の認識配列は教科書で調べるより製品カタログを調べた方がよい．教科書の誤植は「ゴメン」ですむが，カタログに誤植があると会社にとって命取りになりかねない．このような情報について，カタログは教科書よりも信頼性が高い．

● Good による一連の緩衝液の，どれを使ったらよいかがわからず，実験ができなくて困っていたJ君に，メーカーのウエブカタログを見るように指示しところ，問題は5分で解決した．実験試薬やキット，装置などで困ったら，カタログを開くのも解決法の一つである．

Question
8 試薬や器具は英語名も知っておく
Answer

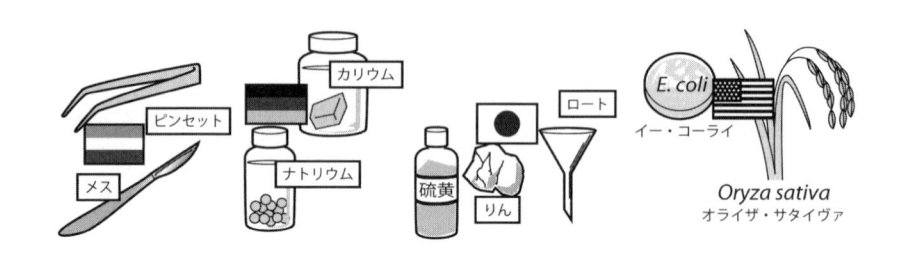

元素名やアミノ酸名，一般的に使われる器具などの名前には，古く日本に入ってきたオランダ語やドイツ語に由来するものが少なくない．海外の研究者や留学生と接するために，試薬や器具の英語名を知ることは大切である．

1．元素や化合物

① 元　素：よく使われる元素ほど日本語名と英語名が違っている．例えば，ナトリウム（Na），カリウム（K）はドイツ語で，それぞれ英語なら sodium, potassium である．日本語で呼ばれるホウ素（B），リン（P），硫黄（S），塩素（Cl）は，それぞれ英語では boron, phosphorus, sulfur, chlorine である．

② イオン：水素イオン（H$^+$）の proton，水酸化物イオン（OH$^-$）の hydroxide ion などであるが，化学式で表現すればすむことも多い．

③ アミノ酸：アミノ酸の日本語名もロイシン（Leu）などドイツ語読みのものがある．Leucine は英語であればリューシン［luːsiːn］と発音する．

④ 酵素を示す語尾：多くの酵素の語尾は ase と綴られ，日本ではアーゼと標記されるが，これもエース［eIs］と発音される．

2．器具の名前

やはりよく使われる器具の名前ほど，英語名が想像しにくいことが多い．さらに，駒込ピペットなど日本でしか使われない器具もある．よく使われる器具名をあげると以下のようになる．

① ガラス器具など
　　三角フラスコ：Elrenmeyer flask（E は大文字）
　　シャーレ：Petri dish（P は大文字）
　　メスシリンダー：measuring cylinder（メスはドイツ語で量る）
　　メスピペット：measuring pipet（メスはドイツ語で量る）
　　ロート：funel（漏斗は日本語）
　　スライドガラス：slide（slide grass でも通じる）
　　カバーガラス　：cover slip
② 金属製品など
　　ピンセット：tweezers もしくは forcepts（オランダ語に由来）
　　メ　ス：scalpel もしくは lancet（オランダ語に由来）
③ 機器など
　　クリーンベンチ：clean bech とも，laminar flow cabinet ともいう．
　　ドラフトチャンバー：fume hood
　　プレパラート（顕微鏡）：praparation はあまり使われない

3. 生物名
　学名を使うのが原則であり，学名と標準和名の対照が必要になる．

4. 米国風の発音に注意
　米国の研究者は，大腸菌（*E. coli*）をイー・コーライ，イネ（*Oryza sativa*）をオライザ・サタイヴァと発音することがある．これに習うかのように，*in situ* をイン・サイチューと発音する日本人は少なくない．しかし，これらはラテン語なので，i はイと発音し，アイと発音することはない．

こんな例も

● フランスでのこと．液体窒素を liquid nitrogen といっても通じなかった．フランス語では azote liquid という．身近な元素や物ほど，各言語では別な呼ばれ方をしている．海外の研究者とは化合物なら化学式，生物種なら学名を使うのが安全なのかもしれない．

Question 9 試薬のラベルには大切な情報があります

Answer

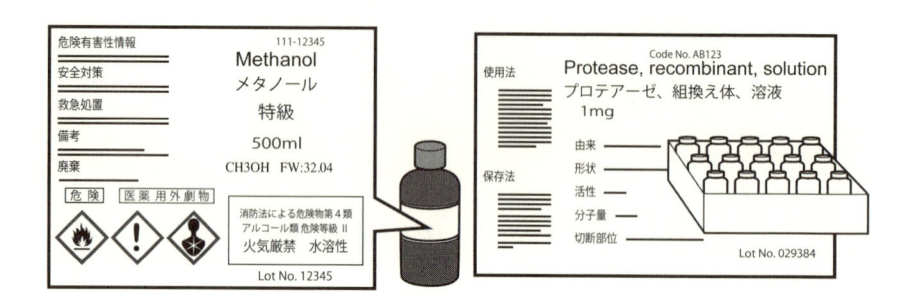

　試薬の性状を Merck Index や製品カタログ，メーカーのウエブサイトなどで実験前に調べておくのは当然だが，試薬瓶のラベルにも，必要な情報がコンパクトに記載されている．はじめて使う試薬ではラベルをよく読むことが安全な実験の第一歩となる．

1. 試薬名と化学式，分子量
　ラベルには試薬の化学式と分子量（MW あるいは FW）が記載されている．秤量するときには，ラベルに書かれている分子量が役に立つ．ラベルに表示されている結晶水の数を確認することも大切である．

2. 試薬のグレードと純度
　日本工業規格（JIS）に基づく試薬特級，試薬一級や，メーカーごとのグレード（等級）としての生化学用，分子生物学用などの表示がされている．同一の試薬でも，用途によってグレードを使い分けることが多いので，必ず確認する．

3. 安全性に関する記載
　危険物や劇物には試薬のラベルに，実験用手袋や局所排気設備の使用などを求める記載がされていることが多い．海外の製品には，ドクロマークや大きな×で危険性を示し，発癌性，アレルゲンの可能性など詳細を記載しているものが多い．これらのマークを発見したら，必ず内容を熟読すること．

4. 保存方法など
　保管温度，遮光の必要性など保管に関する注意事項もラベルに明記されている．

5. 製品番号とロット（製造）番号

　試薬メーカーは同一試薬名でも，用途ごとに異なる製品を供給していることがある．そのような場合には，試薬名だけでなくメーカーごとの製品番号で製品を特定する必要がある．ラベルにはロット番号も記されている．天然物に由来する試薬ではロットごとに純度などが異なることもある．そのような試薬では実験ノートに製造番号も書きとめておく．

失敗例と事故例

- 教えてもらったプロトコールに従って試薬を揃え実験したが，反応が検出できなかった．原因は，同じ名前の試薬が用途ごとに製品番号で区分されているのに気づかず，ふさわしくないものを購入したことにあった．特殊な試薬の場合には，試薬名だけでなく製造メーカーと製品番号も重要である．
- 次亜塩素酸ナトリウム溶液で材料の表面殺菌をしたはずなのに，微生物の混入が起こり続けた．塩素臭がしなく色が薄いなど不審に思い，メーカーに問い合わせると，そのロットの製品に問題があったことがわかった．これはメーカーがミスをした事例だが，トラブルシューティングにはラベルのロット番号が役立つ．

Question 10 試薬を安全に取り扱うには

Answer

　どのような試薬にも，潜在的にはなんらかの危険性がある．まして危険物，劇物，発癌性などの表示がある試薬の場合には，保管を含めた取扱いに細心の注意を払わなければならない．

1. 危険物
　爆発や火災を起こす可能性のある化合物が，危険物として消防法で以下のように区分され指定されている．
　第1類：酸化性固体，第2類：可燃性固体，第3類：自然発火性物質及び禁水性物質，第4類：引火性液体，第5類：自己反応性物質，第6類：酸化性液体
　これらの危険物は類ごとに取り扱うことのできる指定数量が定められている．また，類の異なる危険物を混合すると発火する可能性が高い．そのため使用時に注意するだけでなく，保管中に地震などで瓶が破損したときにも混ざり合わないよう，別々の離れた保管庫を使用するなどの配慮も必要である．

2. 毒物・劇物
　毒物及び劇物取締法などで指定される化合物で，少量でも生体に著しい作用を及ぼす．経口摂取だけでなく皮膚から侵入する化合物もある．

3. 酸とアルカリ
　危険物あるいは劇物に指定されているものがほとんどである．アルカリは皮膚を冒すので，取扱いには十分な注意が必要である．

4. 製品安全データシート（Material Safety Data Sheet, MSDS）

化学製品に含まれる物質名や危険性，取扱いの注意点などの情報が記載されている資料で，労働安全衛生法によって特定された化合物について，譲渡や使用に際して提供や周知が義務づけられている．

5. 防 具

白衣を着用し，実験用の保護手袋（一般には樹脂製グローブ）を着用する．さらに必要に応じてマスクや保護メガネを着用する．

6. 試薬簿と保管庫

全ての試薬は専用の保管庫で保管し，保管簿によって購入時から使用終了時まで，使用するごとに使用日と使用者，数量などを管理する．危険物や毒劇物の保管庫には法令に従ってそれらの保管庫であることを表示し，施錠する．

失敗例

● ステンレス製の専用保管庫から瓶を取り出すときに手が滑り，床に塩酸が流れ出てしまった．とにかく中和しようと水酸化ナトリウムをばら撒いた．幸い大事には至らなかったが，床は塩酸に侵されてしまい，ボトルが取り出しにくい保管庫のレイアウトという，事故の原因は未だそのままである．

Question 11 実験内容にあった試薬の選定はどのように

Answer

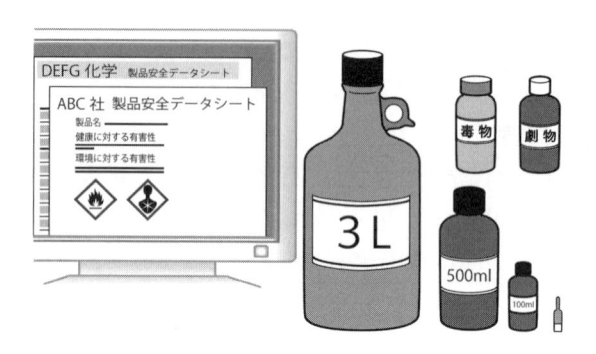

実験で使う試薬には純度や用途に応じた等級（グレード）がある．日本では一般的に試薬には，工業用，一級，特級という JIS 規格が適用され，この順に純度が高くなる．特殊試薬や酵素試薬には，生化学用，精密分析用などメーカーなどによる独自規格や，活性による区分なども存在する．

1. 試薬の性質を知る

はじめて使用する試薬の性質，融点や溶解度あるいは危険性など，を知るために以前は Merck Index を参照することが多かった．現在は，試薬メーカーのオンラインカタログに，試薬ごとに製品安全データシート（MSDS）へ張られたリンクから情報が得られる．試薬を選ぶ第一歩は，このような情報を得ることである．

2. 試薬メーカーやグレードを選ぶ

大学での研究では，特級試薬以上の純度の試薬を用いることが多いが，実際には，経験に基づいて試薬を選択することもある．

① メーカーの選択：多くの研究室では，『今まで使ってきたメーカーの同一規格の製品』を選んで使うという経験的な選択がなされている．再現性という点では，この判断は否定できない．

② グレードの選択：その操作に必要とされる試薬の純度を考える．例えば組織の抽出液を処理するためには，一般の特級試薬で十分だが，高度に生成された微量の RNA を処理するためには高純度の試薬が必要である．

③ 天然物から製造された試薬の場合，純度や濃度が製造ロットごとに異なる場

合がある．製品データシートが添付されている場合は，これらを確認してから使用する．

④ 購入する数量：基本は，必要最小限の数量を購入する．包装単位が大きければ単価は下がるが，結局無駄にすることが多い．危険物は，使用量や保管量の規定を守って購入する．

3. 抗体，酵素試薬

抗体や酵素，色素などの特殊な試薬の特性には，メーカーによる差異がある．また，活性や濃度などは，製品のロットごとに異なる場合もある．選択には，同じような実験を行っている研究者からの情報が有用なケースが多い．

4. カタログの読み方

試薬カタログからは，純度や包装単位だけでなく，危険物や毒劇物の種別，保管の条件などの情報が得られる．これらに加え，酵素試薬などでは反応条件が詳細に示されていることが多い．

なお，大手メーカーが専門メーカーから OEM 供給を受けている試薬もある．試薬カタログには，実際の製造メーカー名が明記されている場合もある．そのような場合には，専門メーカーのカタログやウエブサイトもチェックしてみよう．製品のラインアップが豊富だったり，価格が安かったり，製品に関する有用な情報が満載だったりすることが多い．ディーラーが，このような「耳より」情報をもっていることもある．

無駄な例

● 植物から DNA を抽出する最初のステップに，超高純度のフェノールを使っていたグループがあった．お金持ちなのはわかるが，植物体の成分が全て出てくるステップで超高純度の試薬を使っても，実験の精度は高くならない．

Question
12 染色液や色素にも危険がありますか
Answer

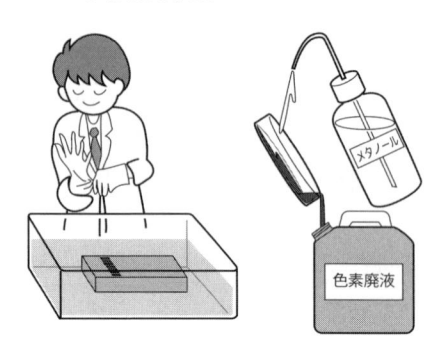

　実験で使われる色素には毒性や発癌性をもつものが少なくない．ラベルに毒性や発癌性の記載がなくても，全ての色素は細心の注意で扱うべきである．

1．色素を使うときの一般的な注意
　色素が対象を特異的に染色する原理を詳細に記述しているテキストが少ないばかりか，染色の化学的な原理がわかっていない色素も少なくない．はっきりとした危険性の記載が製品安全データシート（MSDS）にない色素も多いが，もしかしたら危険があるかもしれないという意識をもちたい．危険性がなくとも，色素は手や衣類についたら洗っても落ちにくいので，白衣とグローブは必需品である．

2．蛍光色素
　さまざまな蛍光色素が，蛍光抗体を使った顕微鏡観察，ゲルなどの染色，DNAのシークエンシング，PCR，特定のイオンの定量などで利用されている．蛍光色素は光で退色するので，観察するまでできるだけ遮光しておく．

3．分子生物学で用いる色素
　タンパク質や核酸の染色や標識に使用される色素は，それらの生体高分子と作用するから利用できる．特に核酸に作用する色素は，DNAに損傷を与える可能性，すなわち突然変異原や発癌物質である可能性が高い．グローブなどで防護するとともに，試薬としての保管から廃棄まで，責任をもって安全を確保しなければならない．

4. 器具の洗浄

色素の中には，洗剤で洗っても，ガラスやプラスチックの表面に残りやすいものがある．そのようなときは，使用後の器具表面を少量のメタノールで数回すすぐとよい．例えばタンパク質を染色するクマシー・ブリリアント・ブルーなどで効果的である．

5. 廃液の取扱い

多くの色素は，廃液として取扱いの規定が明確になっていない．しかし色素には潜在的な危険性があると考え，廃液処理の方法は事業所の担当部署に問い合わせて行うべきである．特に発癌性をもつことが知られている臭化エチジウム（EtBr）などについては，イオン交換樹脂に吸着させて焼却処理するなど環境に放出しないよう細心の配慮をしなければならない．

失敗例

- 色素を皮膚や衣服につけると，洗ってもなかなかとれない．デートの時間に遅れそうになり，ゲルを染色液の中に放り込んだHさんは，クマシー・ブリリアント・ブルーの溶液を顔まで飛び散らせて，青い点々が…．大丈夫，嫌われないよ．でも，ゲルを染色液の中に入れるときには，そーとね．
- DNAの二重らせんの間にはまり込んで染色する臭化エチジウムは，強力な発癌物質である．慣れているから大丈夫といって素手で扱っては，だめだよ！
- 生細胞の核をDNAに特異的な蛍光色素DAPI（4′, 6-diamidino-2-phenylindole）で染色しようとしたが，核が染まらない．実はDAPIは細胞膜を透過しにくい．同じように使えるHoechst 33258なら細胞膜を通りやすいのを知らなかった．こういう情報はカタログでは得にくい．先輩や仲間に聞いてみるのが近道であろう．

Question 13 酵素試薬の取扱いで気をつけることは

Answer

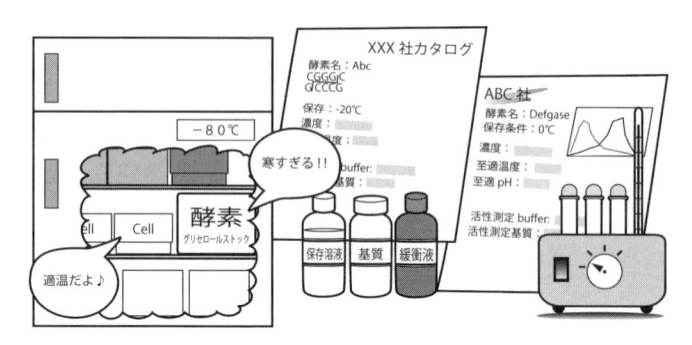

　酵素はタンパク質の中でも，失活しやすいデリケートなものであるということを忘れてはいけない．PCRに使われるTaqポリメラーゼなどは，例外的に丈夫な酵素である．

1．基本的な注意

　酵素を失活させないためには，適切な塩濃度やpHを保つ，使用時まで低温を保つ，凍結融解を繰り返さない，泡立てないなどの配慮が必要である．さらに微生物の混入を許さないために，場合によってはクリーンベンチ内で使用するのもよい．

2．基本的な反応や，例外を知る

① それぞれの酵素の基本的な反応について，基質特異性，標準的な反応条件としての緩衝液の選択法などを，技法書やカタログなどで確認する．例えばDNase IのようにDNAを分解するのに利用される酵素も，切断部位は決まっている．

② 高い基質特異性をもち反応が正確なのは，塩濃度やpH，温度などが一定の条件の場合であり，それらの範囲を超えた場合には反応が不正確になる可能性もある．例えば，制限酵素では反応液中のグリセリン濃度が高くなると本来とは異なる部位での切断が起きる．

3．ロットごとのデータシート

　酵素試薬には，組換えタンパク質として生産されたものと，天然の組織から精

製されたものとがある．特に後者では，ロットごとの濃度や活性などがカタログと微妙に異なることがある．このような場合の反応条件は，添付されてくるデータシートに従う．

4. 酵素試薬の保管

入手した酵素試薬は，メーカーの指示に従って保管する．その際，乾燥された状態で供給される酵素は湿気を帯びないような配慮をする．高濃度のグリセリンを含む酵素液として供給され−20℃で保管するよう指示されている酵素を，−80℃のディープフリーザーで保管すると凍結による被害がでることがある．

固体の酵素を溶かして保存する場合の緩衝液は，反応用の緩衝液と組成が異なることがあるので，保存液とする場合にはデータシートなどでその組成を確認する．その場合，温度変化を繰り返させないためと，安全のために小分けして保管する方法もあるが，低温で気密が悪くなる容器を使わないようにする．

5. 夾雑している活性の排除

天然物由来の酵素試薬には，実験にとって好ましくない酵素が排除しきれていないことがある．例えば，通常の RNase A には DNase が混入している場合がある．RNase のように熱に強い酵素であれば，余計な酵素を熱で失活させることもできるが，そうではない場合には適切な阻害剤を利用する．

失敗例

- アミラーゼを使って実験をしていたが，意味不明のデータがで続けた．トラブルシューティングの最終段階で，メーカーに問い合わせたところ，製品にカビが混入していたことが判明した．酵素を使う実験では反応が進むポジティブコントロールをとって，酵素の活性を確認する．
- 細胞壁を溶かす酵素のセルラーゼを，沪紙で沪過した K 君．沪液には活性がなくなっていた．酵素を基質で沪過した失敗例だが，これ以外にも反応に必要なイオンや塩濃度，反応に影響を及ぼすイオンなどを確認しておくことは大切である．

Question 14 試薬を保管するときに気をつけることは

Answer

　絶対に守らなければならないのは，① 鍵のかかる専用の薬品保管庫で保管する，② 地震への対処をしておく，③ 毒劇物や危険物を法令に従って管理する，④ 使用記録簿をつける，ことの4点である．さらに目的の試薬をすぐに取り出すことができ，正しい場所に戻せることなど，使いやすさにも配慮したい．

1. 保管庫

　ステンレス製の試薬専用保管庫を利用するのが一般的である．保管庫はコンクリートの丈夫な床と壁面に固定し，内部の試薬瓶も地震などで転倒したり互いに接触したりして破損することがないようにしておく．

2. 試薬の分類

　危険物，毒物劇物に指定されている試薬は，それぞれ専用の保管庫で保管する．
① 毒物，劇物は，鍵のかかる専用の保管庫に，それらを保管していることを明示して保管する．低温で保管する場合も，表示と施錠が必要である．
② 危険物も，それを明示し施錠できる専用の保管庫で保管する．さらに，地震などで試薬瓶が破損した場合にも発火などの危険がないよう，第4類の引火性液体と第6類の酸化性液体は，離れた別の保管庫を利用するなどの配慮をする．
③ 法的に規制されていない試薬も，試薬専用の保管庫で保管する．一般の試薬は，研究室ごとに使い勝手がよいように保管されていることが多い．

3. 試薬瓶の取扱い

① 試薬のラベルを絶対に破損したり，汚したりしないこと．汚れなどでラベルの読みにくい試薬は，安全以前の問題である．

② 使用後の試薬瓶の蓋は，必要十分な力で閉めること．閉め方が足りないと吸湿など汚染の原因になる．閉めすぎもパッキンを傷めたり，長期間では蓋が割れたりすることで，かえって隙間をつくる原因になる．

4. 酸化してしまう試薬

アルカリ性の溶液は，空気中の二酸化炭素を吸収する．毎回，新鮮な溶液を使いきりにするか，1回で使い切る程度の量に小分けして，空気が入らないよう容器の口までいっぱいに満たした状態で保管する．

失敗例

- 東日本大震災の際に私の実験室では，引き出し式の試薬保管庫内でラックから試薬の瓶が落ちていた．幸い事故には至らなかったが，保管庫だからと気を許さずに，庫内での転倒や転落防止対策を徹底しなければならない．
- 危険物第6類を保管してある保管庫内の試薬瓶のラベルが黒ずんで読みにくくなってきた．わずかずつ，気化した試薬があるのだろうが，これは危険だ．保管庫内の換気に気をつけるとともに，ラベルに事故があっても，どこに何があるかわかるよう配置図を用意すると安全である．

Question 15 試験管やメディウム瓶のラベルの書き方は

Answer

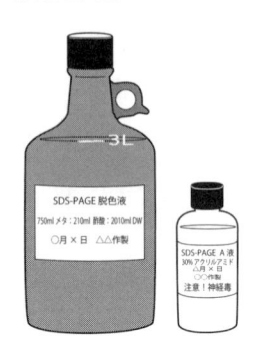

1. 他の人も見るラベルのとき

　ある期間使い続け，共用の冷蔵庫などに保管する溶液などのラベルは，仲間からも何が入っているのかわからなければならない．以下の内容は必ず記載する．

① 内容物の組成：化学式や，化学名の方がわかりやすい試薬は通称で，濃度とともに明記する．

② 危険性：発癌性や毒性のある試薬を含む場合には「発癌性」などと明記する．

③ 作成者と作成日：忘れられがちだが，これらも明記する．

④ 目盛り：一般には必要ないが，同じ溶液をつくり続けている場合には，例えば 500 mL の目盛りなどを入れておくと，何かのミスが起きたときに発見しやすい．

2. 自分だけが見るラベルのとき

　ある実験だけで使いきるサンプルのラベルなど，自分だけが間違えなければよいものも多い．危険性のないものであれば，一目で区別ができるように，最低限の情報だけを書けばよいことが多い．共用しているガラス製器具では，使用後に洗浄するときに完全に消す必要があるので，必要以上のラベルは無駄になる．

3. 目的ごとの留意点

① 溶媒を使うとき：マーカーペンは流れてしまう．ペイント系のマーカーで書くか，タックシールに鉛筆か顔料インクで書く．

② オートクレーブするとき：黒のマーカーペンは比較的強い．タックシールは熱ではがれないことと，糊がガラス表面にこびりつかないことを確認しておく．
③ 超低温庫（ディープフリーザー）に入れるとき：マーカーペンの文字ははがれ落ちることがある．複数のラベルをつけるなどの配慮する．

4. 一緒に使う物などは

① ポリプロピレン製容器：マイクロチューブなどの表面にマーカーペンで書いた文字は消えやすい．メンディングテープの裏側に文字を転写する小物などを利用する方法もある．
② シャーレ：蓋にラベルすると，同時に複数のシャーレを開けた問いに，区別がつかなくなる．できれば本体側にもラベルする．
③ メディウム瓶：本体にラベルしただけだと，複数のメディウム瓶を開けたとき，本体と蓋の対応ができなくなるので，蓋にもラベルする．また，同時に使用する一連の保存液の蓋に同じ色のタックシールをつけておくと，一目で必要な瓶のセットが取り出せる．

事故例

● 表面に残っていたタックシールの糊が指に引っかかり，三角フラスコを倒してしまったことがある．マーカーペンで書いた跡が少し残っていても，精密な実験を行う気がしなくなるのは僕だけではないだろう．ガラス製器具を洗うときには，マーカーペンで書いたラベルや，貼り付けたタックシールを完全に取り去らなければならない．
● シャーレの蓋にクローン名を書いたが，一度に蓋を開けたため，どれがどれだかわからなくなった．それ以後，シャーレの底の裏から内容物を書くようにしている．

Question

16 試薬を量り取るときに気をつけることは

Answer

　多くの実験は試薬を秤量することから始まるので，秤量は実験を成功させる第一歩である．その上，秤量は危険な試薬を直接扱う場面であることから，細心の注意で行わなければならない．

1．電子天秤の秤量と最小表示

　天秤には，量れる最大重量である秤量と，読み取れる最小重量すなわち精度である感量がある．電子天秤ではデジタルディスプレイの最小表示が感量以下の桁を示す機種も多いことには気をつけたい．一般的な天秤であれば，最小の桁は四捨五入する程度の精度であろう．

2．天秤は繊細な装置

　天秤は頑丈で振動しない机に，水平を保って設置する．さらに，温度が一定で，風や振動の影響がないことなどが要求される．湿度も 50%以下になると静電気の影響で表示が不安定になる．もちろん，水や直射日光は厳禁である．

3．薬包紙など

　通常の試薬は秤量に薬包紙を用いるが，潮解性のある試薬や，ペプチド類など紙の表面に吸着しやすい試薬には，プラスチック製トレーを用いるとよい．微量の秤量では，小さなバイアル瓶か，マイクロチューブに量り込む．

4．舞い上がりやすい試薬を量るとき

　ドデシル硫酸ナトリウム（SDS）や酵母エキス（yeast extract）など粉末が細かく，舞い上がりやすい試薬を量るときは，薬包紙などの上に落とすのではなく，

そっと置くようにする．さらに，必要に応じてマスクを着用して吸い込まないように配慮する．

5. 試薬瓶に薬匙を入れてよいか

慎重な研究者は，薬匙を使わずに試薬瓶を傾けて軽くたたくなどして薬包紙上に試薬を落とし，多く出すぎたときだけ薬匙を使って重さを調整する．このとき，余分になった試薬は元とは別の瓶に回収して，あまり精度の必要でないときに使用する．研究室ではじめて試薬を秤量するときは，どのような作法で行っているか，確認しよう．

6. 薬匙を洗うとき

危険な試薬を量った薬匙は，いきなり流しで洗わず，付着している試薬を貯留タンクなどに回収してから洗う．両端ともに使える形状の薬匙では，両端とも丁寧に洗う．

7. 天秤の周りは汚染地帯

天秤の周りは，さまざまな試薬がこぼれている．使用後に周囲を掃除した上，定期的にペーパータオルで拭き掃除をし，使用したペーパータオルは危険な試薬が付着しているという前提で処理する．

こんなことに注意

- 電子天秤の表示が安定しない．原因は，その日から入れたエアコンの風だった．風だけでなく，乾燥している季節には静電気対策が必要になることもある．
- 手のひらが，青や赤に染まっている．天秤の置いてあるストーンテーブルに手をついたのは記憶しているのだが．危険な試薬や色素を秤量したら，天秤の周りを掃除しよう．
- 慎重なM先生は，古風なマスクを天秤のそばにぶら下げていて，秤量のときにいつもその1枚を使うのだそうだ．ところで先生，マスクの裏表ってどうやってわかるんですか？

Question 17 測容器にはどんなものがありますか

Answer

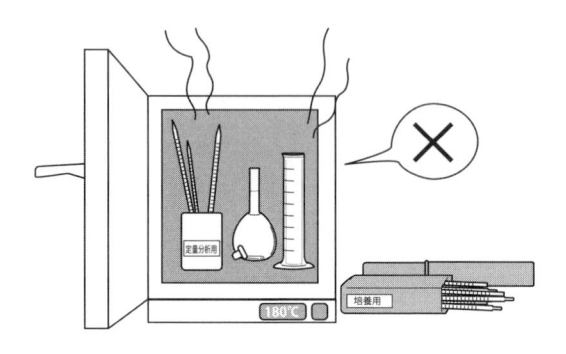

溶液を量り取るための容器であるメスシリンダーやピペットと，正確な濃度の溶液をつくるための容器であるメスフラスコがある．

1. 検定済みの測容器とは

日本では，商取引に使用できる測容器には「正」の文字が刻印されている．精度が要求される実験では，これら検定済みの製品を使う．これらの製品の精度は熱をかけると保障されなくなるので，乾熱滅菌やオートクレーブなどにかけてはいけない．

検定証印

2. 検定を受けていない測容器

① 樹脂製の製品など：樹脂製のメスシリンダーやピペット類は壊れにくく重宝だが検定は受けていない．ガラス製のメートルグラスや，太く短いメスシリンダーも「正」の文字が刻印されていなければ，精度の保証はない．

② ビーカーやフラスコ，樹脂製のコニカルチューブ：最近のガラス製器具や使い捨て器具についている容量の目盛には，驚くほど正確なものがある．それ以外の容器，例えば1L以上の容量をもつポリメチルペンテンポリマー（TPX）製の手付きカップなどに，マーカーペンで独自の目盛を引いて使う研究者もいる．もちろん，精度の保障はない．

③ 駒込ピペットやパスツールピペット：基本的には容積を量ってはならない．しかし，培養などで5%程度の誤差を許して容積を量りたいときもある．その場合には，先端を塞いでおいて，一定量の水を入れマーカーペンなどで目

盛を引くことはできる．
　④ メカニカルピペット：メカニカルピペットにはメーカー独自の検定を受けているが，いわゆる「正」マークは得ていない．

3. 個別の測容器での注意事項
① メスシリンダー類：温度変化や衝撃を与えないようにする．
② ピペット類：ガラス表面を侵すアルカリ洗剤への長時間の漬け置き洗いは禁物．
③ メカニカルピペット：空気を媒体として容積を測定するので，粘性の高い溶液，揮発性の高い溶液，温度の高い溶液は量れない．また，機械的な遊びなどから機種によって2から5%の誤差がある．ピペットの最少容量付近，例えば1,000 μLのもので200 μLを量り取ると，この影響を大きく受ける．
④ マイクロシリンジと注射器：粘性のある溶液を量る場合に使える．
⑤ メスフラスコ：内容量が正確な液量であり，注ぎ出した液量を保証するものではない．

失敗例

● フラスコや手付きカップにマーカーペンでラインを引いてメスシリンダー代わりにしている研究室もある．定量実験では問題だが，培地をつくる程度の精度であれば十分なことも多い．そういえば，大学院に入りたての頃，先輩たちがメスフラスコ代わりに使っていた三角フラスコをきれいに洗い，外側のラインを消して怒られたことがあったっけ．

● メカニカルピペットの簡易精度をチェックは，電子天秤の上で量り取った蒸留水を秤量する．研究室のピペットを試してみたら，あれれ．1,000 μLのはずが，940 mg！定期的な精度のチェックは欠かせない．

● 滅菌済み使い捨てのプラスチック製ピペットを電動ピペッターに装着して，寒天培地を分注していた．熱い培地を吸った瞬間，ピペット内で培地が突沸してピペッター内を汚すところだった．失敗はまだ続く．分注しているうちに，なんだかピペットが縮んで，曲がってきた．熱に弱い樹脂でできているピペットで，この操作は無理だった．

Question
18 試薬を溶かすコツは
Answer

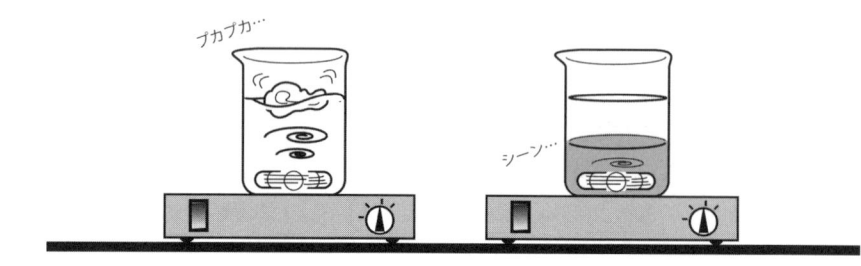

インスタントコーヒーでも，冷たい牛乳の上から粉を入れたらうまく溶けない．試薬を溶かすにはちょっとしたコツが必要なときもある．また，はじめての試薬を扱うときには，あらかじめ Merck Index などで溶媒や溶解度を調べておこう．

1. 一般的な方法

① 原則，ビーカーに最終量の 70% ほど水（溶媒）を入れ，量り取った試薬を加えて撹拌し完全に溶かす．これをメスフラスコに注ぎ入れ，ビーカーに残っている溶液も共洗いによって全てメスフラスコに注ぐ．最後に正確に容積をあわせる．

② つねに①の方法をとっている人は少ないだろう．メスシリンダーやメートルグラスに入れた水（溶媒）に，次々に秤量した試薬を放り込むことが多いはずだ．緩衝液や培地ならこれでも十分だが，定量のときにこれをしてはいけない．

2. 微量溶液を調製するとき

マイクロチューブ内の溶媒に，数 μL の溶液を加えるとき，うまくいったかどうか不安になる．溶液が添加できたかは，溶媒よりわずかに上のチューブ壁面に溶液を吐出できたことを確認してから遠心で落とし込むか，溶液内に吐出したときの屈折率の変化を目視で確認する．確実に混ぜるためには，微量の溶液を大量の溶媒に入れるのではなく，一度 1 mL 程度に希釈してから全体に混ぜる方法もある．

3. 高粘性の溶液を混ぜる

グリセリンや界面活性剤 Triton X-100 などを希釈するときにも，基本的には撹拌するしかないのだが，マグネット撹拌子は下層にある重い原液の中で回るだけで，上の溶液とは混ざらない．強く撹拌して界面活性剤などの層に空気が入り込むと，水飴を練り上げたような状態になり，手に負えなくなってしまう．危険のない溶液であれば，容器の口をパラフィルムなどで完全にシールし，液が漏れないように手のひらで押さえながら天地させると早く溶かすことができる．

4. ダマになりそうな試薬を溶かす

ウシ血清アルブミンや，大腸菌の培地をつくるための酵母エキスなどは，水を少量ずつ加えながら練るようになじませてゆくと，ダマにならず容易に溶かすことができる．

5. 難水溶性の試薬を溶かす

例えばエタノールには溶ける試薬の場合，まず微量のエタノールに溶かし，次にホットスターラー上で温めながら激しく撹拌している水に一気に加えるという方法がある．このような場合には，予備実験を通して，添加される溶媒による影響がないことを確認しておく．

6. 不溶性の沈殿ができる組合せ

リン酸とカルシウムなど，ある濃度を超えると不溶性の沈殿を生じてしまう組合せを含む溶液をつくるときは，それぞれの溶液を用意し激しく撹拌しながら一気に混ぜ合わせるとよい．

失敗例

- ウシ血清アルブミンが溶けないので，加熱しようとオートクレーブにかけたところ，白濁してしまった．タンパク質なのだから熱で変性するのは当然だった．温めればよいというものではない．
- グリセリンを含む緩衝液に，エタノールに溶かした水に難溶性の試薬を加えたら溶けずに析出してしまった．この場合，あらかじめグリセリンに溶かし込んでおくと，析出しないことを後で教わった．

Question
19 pHを測定するときの注意点は
Answer

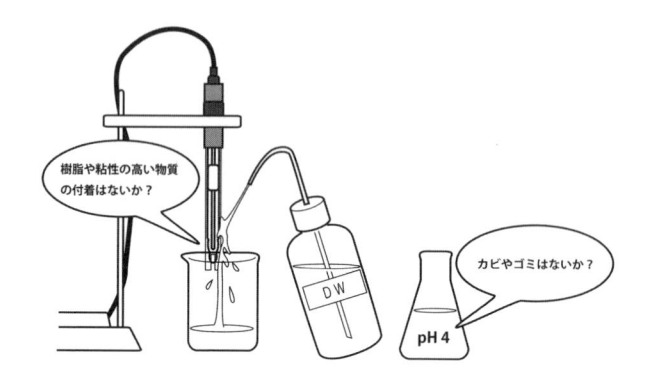

pH メーターの保守,すなわちガラス電極をよい状態に保ち,メーターの校正を行うことが大切である.測定される溶液については,温度による pH の変動にも気をつけなければならない.

1. 温度によるpHの変化

緩衝液の pH は温度によって変化することがあるため,使用温度で調整する.また室温とは異なる温度の溶液を測定する場合,ガラス電極内部の電極液の温度と,測定する溶液の温度が平衡に達していることを,pH メーターの温度表示で確認する.

2. pHメーターを使いこなす

① ガラス電極は壊れものか:現代のガラス電極は,強い衝撃を与えなければ壊れることはない.怖がらずに,使用前後にきちんと洗い,ぬぐうことが正確な測定の第一歩である.

② ガラス電極の洗浄:電極はさまざまな溶液に触れるので,使用前後に洗瓶のジェットで,上の方まで十分に洗浄する.

③ ガラス電極の保管:電極は乾かさないように純水に浸して保管するのが一般的だが,純水では微生物が生えやすい.そのため,電極液と同じ 3M KCl や,pH4 の標準液に浸している研究室もある.

④ 電極液の保守:メーターの反応が鈍くなったら電極の説明書に従い,希塩酸

などで洗浄する．また電極液も定期的に交換する．
⑤ 標準液は小分けして保存する：標準液に空気中の CO_2 が溶け込み，pH が変化することがある．特に pH9 の校正液は開封したらすぐに小さなバイアル瓶いっぱいに満たして密封して保管するとよい．

3. ゲルなどの pH を測定する

等電点電気泳動などでゲルの pH を測定したいときには，一定の容積比でゲルを純水に入れて振盪した後，水層で測定する．

4. pH メーターで測定できない，測定したくない溶液

ガラス電極を汚染する可能性のある物質や，微量でも細胞などに著しい影響を及ぼす物質を含む溶液は，皆が使用する pH メーターで測定すべきではない．一方，500 µL 以下の溶液の pH は通常の電極では測定できない．微小電極がなくても，精度が 0.1 pH 程度でよければ，① 試料の 1 滴で測定できる小型の簡易 pH メーターを使用する，② pH 試験紙を利用する，という二つの方法をとることができる．

失敗例

● pH メーターを使うため電極を洗いながら，電極がつけてあった容器をみると，なんとカビだらけ．培地を測定した後，電極をよく洗わずに戻したために，保存溶液に培地の成分が蓄積した結果の出来事である．電極は，上の方まで十分すぎるほどよく洗うことが大切である．

Question 20 緩衝液の選択法とつくり方のコツは

Answer

生物学で用いられる緩衝液は pH を保つだけでなく，必要な塩類やイオンの環境を整え，浸透圧を調整するなどの機能ももっていることがある．緩衝液の選択は，既存のプロトコルに従って行うのが安全だが，さらに優れた緩衝液が存在する可能性もある．

1. 緩衝液を選択する観点

① 目的の pH で最もよい緩衝作用：いい換えれば pK_a が目的の pH に近い酸（あるいは塩基）を選択して作製する．ちなみに分子生物でよく使われる Tris の pK_a は 25℃ で 8.06 程度であり，pH7.0 の TrisHCl などはキワモノである．

② 反応や操作に影響を与えない：例えば，リン酸がかかわる反応系にリン酸緩衝液を使うことはできない．同様に，塩素を嫌う反応なら塩酸で pH を調整してはいけない．

③ 温度の影響を知る：リン酸緩衝液の pH は温度で変動する．使用する温度で緩衝液の pH をチェックしておくとよい．

④ 吸光の有無を確かめる：緩衝液によっては，特に紫外部に吸光特性をもつ．そのような緩衝液は紫外域での定量には注意が必要である．

⑤ 細胞への毒性：生きた細胞での実験では毒性にも注意が必要で，例えば Tris は植物細胞の生育を阻害する場合がある．

⑥ K か Na かの選択：リン酸緩衝液を作成する場合，K 塩か Na 塩かで悩む場合がある．一般的に動物由来のサンプルは Na 塩，植物由来のサンプルは K

塩を用いることが多い．

これら以外にも，細胞膜の透過性，全反応液中の酸やアルカリの影響，塩効果，錯形成などを考慮して緩衝液を選択する．

2. どうやって緩衝液をつくるか

緩衝液を目的のpHにする方法には，以下のようなものがある．

① 解離定数K_aから必要な弱酸とその塩との量を計算し，必要な量を計量して溶かす．

② 貯蔵液を混合して，必要な緩衝液を作製する．この場合，計算値から必要量を量り取る方法と，pHメーターで測定しながら混合する方法がありうる．後者が，一般的に行われている．

③ 弱酸あるいは弱塩基を必要量だけ溶解し，これに相手側を滴下しながら必要なpHを得る方法．TrisHClではこの方法がとられる．

3. 緩衝液の保管

緩衝液は，できるだけ早めに使いきる．保存には，微生物の増殖や沈殿の析出の有無を早くに発見するためにも透明度の高い容器を用いる．

失敗例

- 異なるpHでの細胞の応答を調べたかったSさんは，毒性が低いとされるGoodの緩衝液を選んだ．しかし，どのpHでも反応は見られなかった．原因は濃度が高すぎたこと．いくら毒性の低い緩衝液でも，高濃度では影響がでる．
- リン酸緩衝液に溶かしたDNAは，エタノール沈殿で回収できないのを失敗から学んだ．よほどの理由がない限り，緩衝液の選択は既存のプロトコールに従うのが安全である．
- 末端を標識した一本鎖DNA断片を回収してクローニングすることを考えたときのこと．何種類もの酵素を使った反応では，ステップごとに緩衝液が異なる．その都度，丁寧にエタノール沈殿で断片を回収してリンスすることに．わかってはいたが，机の上でつくったオリジナルのプロトコールがこんなに面倒とは．とほほ．緩衝液，甘く見てはいけない．

Question 21 薬品の冷蔵・冷凍保存で気をつけることは

Answer

試薬には，例えば4℃，-20℃，あるいは遮光など保管方法が指定されているものがある．これらを守らないと危険な事態が起こる場合がある．生物学で使う試薬の多くでは，失活や変性による被害が発生する．

1．保管庫の温度

冷蔵庫は4〜10℃，冷凍庫は-20℃，超低温（ディープ）フリーザーは-80〜-70℃を保つと考えられているが，温度を確認するために温度計を置くのもよい考えである．なお，庫内の整理整頓は重要だが，水溶液など熱容量の大きなものをある程度保管することで，温度の変動を小さくすることができる．

2．保管庫内の整理整頓

冷蔵や冷凍保存する場合には，保管庫内の温度上昇を防ぐために，目的の試薬をすぐに取り出せるように分類し，庫内のどこに何が入っているかを記録しておく．

① 毒物，劇物，危険物など法令に定められた試薬は，鍵のかかる保冷庫に保管し，それらを保管していることを明示する．

② 500g（あるいはmL）程度の試薬瓶を保管するときには，試薬棚と同様に，用途に従って大まかに保管場所を決めておく．

③ 酵素試薬や，酵素の基質，蛍光色素など小さな試薬瓶で供給される試薬の場合には，関連する試薬をシール容器に入れて「Fluorescent Dyes（蛍光色素）」「Antibiotics（抗生物質）」などのラベルを付けて保管すると探しやす

い.

3. 低温で貯蔵されている試薬を量り取る方法
常温に戻してよい試薬と, 常温にすると不安定になる試薬とでは方法が異なる.
① 常温に戻してよい試薬：冷凍庫などから出した試薬瓶を, 乾燥材を入れたデシケーター中に15分以上置き, 乾燥した状態で常温に導くのが古典的な方法である. 小さなバイアル瓶の場合, シリカゲルを入れたシール容器に入れて保冷庫に入れておけば, シール容器ごと室温に放置できる.
② 低温を保たねばならない試薬：制限酵素など高濃度のグリセリンを含む緩衝液で凍結を防止して液体の状態で冷凍保存されている試薬は, 低温のまま計量する. それらの酵素が入ったマイクロチューブは, 保管状態から直ちに, できるだけ細かいフレーク状の氷か−20℃に保てるドライブロック上に移して実験台上に持ち出し, 使用後も直ちに保管庫に戻す.

4. 瓶などの蓋のシール
低温では, 試薬瓶や, マイクロチューブの蓋の気密性が悪くなることがある. 試薬瓶ではビニールテープなど気密を保てる方法で瓶と蓋をシールする. 薄く伸ばしたパラフィルムでは意外と気密を保てない.

失敗例

- DNase を溶解して, マイクロチューブに分注して−20℃に保存した. 数カ月後に使おうと冷凍庫から出したところ, 乾燥していた. マイクロチューブの気密が完全ではなく, 水が蒸発してしまったようだ.
- $MnSO_4 \cdot H_2O$ は吸湿性があるので厳重に封をして冷蔵庫で保管して使っていたが, 白かった試薬がピンク色を帯びてきた. 冷蔵庫から出した瓶が温まるのを待たずに開けて使っていたために吸湿したらしい. 冷凍・冷蔵保存されている試薬を量り取るとき, 優先されるのが低温を保つことか, 吸湿させないことかを確かめておこう.

Question 22 溶液を安全に保管するには

Answer

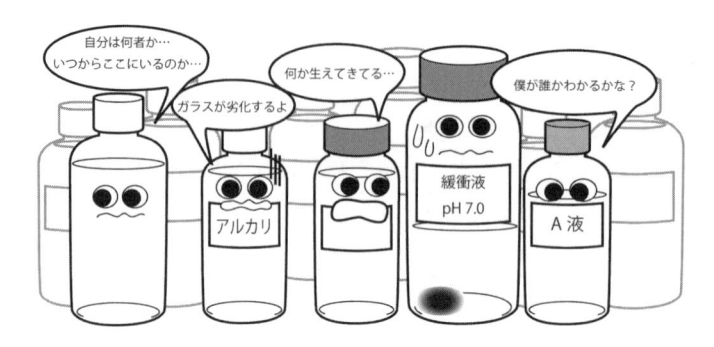

何時つくったかわからない溶液のボトルが，実験台を占拠しているのをよく目にする．調製した溶液にも，さまざまな要因からの使用期限がある．溶液は必要最小限の量でつくり，長く保存しないのが大原則である．

1．溶液の種類に応じた保管

① ほぼ中性の無機溶液：培地の保存液や，リン酸緩衝液，一部の緩衝液など微生物が増殖しやすい溶液は，滅菌するか冷蔵保存する．

② 酸性の溶液：樹脂製品を劣化させることがあるので，長期間の保存では注意が必要である．

③ アルカリ性の溶液：ガラスを侵し，また空気中の二酸化炭素を吸収するので使いきるのが原則．保管する場合には，小分けしてポリエチレン製容器に満たし密栓する．

④ 有機溶媒：危険物などが含まれる場合には，消防法や労働安全衛生法など，その試薬の取扱いを定めた法規に従い保管する．

⑤ 有害物質：発癌性などが疑われる溶液，容器外側の汚染の可能性を考え，容器をさらに広口瓶などに入れて保管する．

2．保管の場所

① 試薬は厳重に保管しているのに，調製された溶液は実験台に置いていることもある．溶液も試薬と同様に厳重に管理すべきである．

② 著しい反応性のない水溶液でも，容器が破損すれば漏電などの二次的災害を

招く危険がある．溶液の瓶も転倒しないよう保管する．

3. ラベルの重要性
① 調製した溶液の容器には，含まれる化合物と濃度，作製者名，作製日を明記する．一般的と思える溶液であっても，組成を明記する．
② ラベルは，内容物を化学式と英語で書くようにする．
③ 容器本体だけでなく，蓋にも SOC, PBS など略号を書いておくと，複数の溶液を同時に使用する際に蓋の取り違えを防ぐことができる．

4. 溶液のオートクレーブ滅菌
① 予期せぬ反応：オートクレーブ滅菌は，高温で予期せぬ反応を引き起こすことがある．溶液中に不溶性の沈殿をつくりうる化合物どうしが含まれている場合には，別々に滅菌してから滅菌するか，沪過滅菌を行う．不安な場合は，予備実験を行って確認する．
② 濃度の変化：水蒸気中の混入により，溶液の濃度が変化することがある．溶液の濃度が重要な場合には，必要より高い濃度の溶液をオートクレーブしてから，屈折率などで濃度を測定し，滅菌水で希釈して望みの濃度にするなどの配慮が必要である．

こんな危険が

● 着任した研究室の冷蔵庫に「A液」や「E液」のラベルがつけられた溶液があった．数年前からの修論や卒論を斜め読みして中身の見当をつけた，溶液を混ぜ，過硫酸アンモニウムを添加すると，やっぱりゲルができた．「A液」は神経毒でもある「アクリルアミド」だった．溶液のラベルは，内容物名と濃度，作製者と作製日を英語で明記しよう．

● 年度はじめの排水
4月と9月の実験排水には有害物質が検出されがちである．卒業・修了者が残していった溶液の中身を知らずに，新人が流してしまうのが4月．休み明けで本人がうっかり流してしまうのが9月．いずれも，内容物が明示されていれば防げる．上の例と同じく，溶液などのラベルを正確に書くことは安全の第一歩である．

ゴミ箱―普通の世界への通り道―

実験室からは，さまざまな廃棄物がでる．廃棄物自体の処理は法律や条例，事業所ごとの規則にのっとって行うわけだが，廃棄物が実験室の外へ出る通り道がゴミ箱である．ゴミ箱なんて何でもよいという意見もあるだろう．しかし，実験室の衛生と安全管理にゴミ箱は意外と重要な気がしている．試しに，段ボール箱とちょっと洒落たゴミ箱を置いて実験をすればよい．段ボール箱には分別もいい加減に雑然とゴミが入れられ，洒落たゴミ箱には丁寧にゴミが入れられるはずである．実用的には，樹脂製で，汚れが目立つ色で，大きすぎないものが生物実験室に適している．錆びて穴が開くことがなく，汚れたら洗いたくなる色なら衛生が保て，大きすぎなければ長期間ゴミが溜まることがない．

ゴミ箱の数にも気をつけたい．経験的にはゴミ箱が足りないかな？という程度の数がよい．多ければ実験室にゴミを溜めることになる．ゴミ箱が汚れてくると雑菌の巣になりかねないこともあり，無菌室など清潔を保ちたい空間にはゴミ箱を置かないというのもセンスである．

II 生物材料と実験操作法

Question 23 生きている材料に対する心得は

Answer

　命への尊厳が大前提である．実験に供したら，必ず何かを発見しよう．一方，生物が多様であったり，変化することへの配慮も必要である．一見同じに見える大腸菌ですら，コロニーを拾い直すと変わり者もでてくる．

1. 生き物の特性
　基本的に，生物はこちらの意図を解さず，「勝手な」動きをする．おとなしく実験に使われるわけがないという前提でつきあわなければならない．

2. 倫理的なこと
　動物を用いた実験は，動物の愛護及び管理に関する法律をふまえて行わなければならない．植物や微生物を用いた実験の倫理に関する規定はないが，やはり命を扱うという意識をもつことは必要である．

3. 生物種や品種・系統の選択
　① モデル生物：マウス，ショウジョウバエ，シロイヌナズナ，酵母，大腸菌などに代表される生物種．ゲノム配列が解読されており，研究上に必要となる情報が蓄積され，さまざまな系統や突然変異体が利用できるため，研究を能率的に進めることができる．
　② 顕著な特徴をもつ生物：イネのようにモデル生物化しているものの他，作物や家畜あるいはバイオマスとして重要な生物種，ストレス耐性など他には見られない特徴をもっている生物種など．研究内容に合致したものが利用される．

③ フィールドで自生している生物：モデル生物とは逆に，生物学的特徴の多くは未同定であるが未知の特性や機能を発見する可能性，保全という観点から重要な場合も多い．
④ 品種や系統の選択：同じ生物種でも，実験の目的に適した品種や系統が知られている場合もある．

4. 齢・生育ステージ，生理状態，生育環境の影響

実験に適した齢や生育ステージがあり，生育環境の影響がある．また，逆にそれらがそろっていないとデータの再現性が得られない．性別が重要な場合もある．

失敗例

- メスのマウスだけが入っているケージで仔が生れる．何度調べても，オスは入っていない．テクニシャンのM君が徹夜でケージを監視して，現場を押さえた．野良マウスがやってきていた．生物は思わぬ行動をとる．飼育動物が逃げ出すことを防ぐと同時に，外からの侵入にも注意を払う必要がある．
- 植物の培養細胞を使って分化の研究を始めたTさん．種子を1つ播いてカルスをつくり実験を始めたが，期待される結果が得られない．たとえイネの品種のように農業上重要な形質がそろっている材料でも，培養条件での反応については雑駁なのが通例である．このような場合には，種子をたくさん播いて実験目的に合致するものを選ぶしかない．

Question
24 人工気象器での栽培がうまくいかないのは

Answer

　温度，湿度，照度などを制御できるはずなのに，小型の人工気象器では植物が上手に育たないことが多い．小型の人工気象器は，本来の季節外に植物を生育させるための装置ではなく，どうしても閉鎖系で行わなければならない小規模の実験に限って利用するべきである．

1．冷害と乾燥ストレス

　人工気象器では，温度と湿度が制御されているのに冷害と乾燥ストレスが生じやすい．特に容積5 m³程度までの人工気象器で，この傾向がみられる．主要な原因は空調機のファンによる風である．植物の葉からは水が奪われ，乾燥と，気化熱による冷害が発生する．

2．加湿に関する注意点

　空調用の冷凍機は除湿機として働くので，湿度を調節しようとすると，除湿機と加湿器を同時に稼働させることになる．室内に放出された水蒸気は冷凍機で回収されるので，加湿の効率は極めて悪い．植物にプラスチック袋のカバーをかけるなど植物の周囲の湿度を保つ工夫が必要なこともある．

3．照明による日焼け

　照度を得ようとすれば，光源の近くに植物を置く必要があるが，そうすると光源からの熱で焼けてしまうことがある．高い照度を必要とする植物の栽培には，LEDによって光を補うなどの工夫が必要である．

4. 夜間を暗黒に保てるか

　短日植物に開花させたいとき，装置の排熱口などからの光漏れに注意しなければならない．室内の照明が外部に漏れている場合には外部の光が室内に漏れる可能性がある．

5. 持ち込む植物や培養土

　基本的には，バーミキュライトなど無菌のものか，滅菌された培養土を用いる．培養土も，植物体自体も，屋外にあったものをそのまま持ち込むと，さまざまな微生物が侵入することになる．複数のユーザーが共同利用している場合，そのような材料や土の持ち込みを許すのか，許さないのかを取り決めておく必要がある．

6. メンテナンス

　加湿器をもつ機種で，電気系統のトラブルがでやすい．よほど純度の高い水を使って加湿するのでない限り，加湿器からのミストとして放出された塩類が装置内の接点などに付着し，誤作動を招く原因になる．排水系統に汚れや土がつまるトラブルも多いので，定期的な清掃が必要である．装置の使用記録簿は適切なメンテナンスのために役立つ．

7. 消費電力

　一般的な機種では，冷凍機とヒーターを同時に稼働させ，さらに照明を行うので，大量の電力を消費する．無駄のないような実験計画が必要である．

問題例

● 電気系統のトラブルが続く人工気象器があった．トラブルの原因は，加湿器で発生させるミストとともに撒き散らされる塩類の，スイッチや基盤への付着だった．塩類を飛ばしにくいと考えられる方式の加湿器に交換すると，今度は加湿器自体に缶石のように塩類が付着して故障するようになった．結局，自動での加湿はあきらめ，床に水をまくことにした．人工気象器の加湿は，脱イオン水で行うなどの対策が必要である．

Question 25 実験圃場での作業で気をつけることは

Answer

　圃場の環境，植物の管理，作業者の安全のいずれにも配慮しなければならない．特に，実験結果の信頼性や再現性を得るための圃場管理を忘れないようにしたい．また作業者は，日焼けや場所による温度差などに注意しなければならない．

1. 圃場の管理

　連作や残留する肥料の影響を最小限にするために，三圃式や四圃式の輪作体系を維持することが望ましい．

2. 植物の管理

① 潅　水：植物の管理で最も大切なことの一つに潅水がある．光合成が盛んになる前に植物が十分に吸水できているように，潅水は遅くとも午前9時前に終えるようにしなければならない．また，発芽するまでは水圧で種子が動いてしまわないように如雨露からの水の勢いにも気をつけなければならない．

② 肥料や薬剤の散布：全ての個体が同じ条件になるよう均一に散布する．

③ 個体の識別：鉢植えであればラベル，水田や畑なら畝ごとの記録をノートにつける．何系統も植える場合には，形態の似た品種を隣どうしに植えないなど，一目で区別がつくような植え方の配慮も必要である．

3. 作業者の安全

① 服装など：日焼けなどを避けるため，できるだけ肌を露出させないことが大切である．器械を使う場合には安全靴を着用するのが望ましい．薬剤散布を行う場合には，適切な防具を用いなければならない．

② 熱中症と急な温度差：圃場での作業中は，こまめに水分を補給するなど熱中症にならないような配慮を忘れないこと．夏場のハウス作業では特に注意が必要である．一方，極寒期に加温された温室に出入りする場合には，温度差による障害が起こる可能性もあることを忘れてはならない．
③ エンジンやモーター付きの器具：刈り払い機などの器具は，使用時以外は必ずエンジン（メインスイッチ）を切ること．動いているまま持ち歩いたりすることは厳禁である．

4. 記録のとり方

　生育などの記録をとるときは，あらかじめ決めておいた項目以外の変化も無視せずに記録しておくとよい．

失敗例

● 実験水田でイネを育てていたT君は，畔を一周して粒状の肥料を水田全面に散布した．少したってみると，水田の中央のイネが際立って高くそだっていて，ちょうど「モヒカン刈り」のようになった．どうやら肥料を撒く力が強すぎて，水田の中央に粒状肥料がたまったらしい．実験圃場では，どうやって均一を保つかをつねに考えなければならない．

● 実験圃場で研究をしていたS君，殺虫剤と間違えて除草剤を散布してしまい，その年のデータがとれなかった．薬剤散布は，自身の安全も含め念には念を入れて事前の確認を行う必要がある．できれば複数の人間での確認も行いたい．

Question
26　フィールドワークで気をつけるべき点は
Answer

　採集や観察などのフィールドワークで気をつけるべき点は，登山と同じである．自分の体力に見合った活動をすることや，水と食料の携行などは当然である．そしてハード面だけでなく，現地の最新の状況についての適切な情報というソフト面も大切である．

1. 現地の情報を得る
　地形や環境，有害生物などについての情報収集は必ず行う．特にはじめてのフィールドでは現地の人からの情報も有益である．

2. 急な雨に備える
　山ではいつ雨が降るか予想が困難なことが多い．合羽など雨具を準備するのは当然だが，着替え，ノートなどの記録具などを，それぞれビニール袋で包んでザックに収める．濡れてしまっては使いようがない．

3. 有害生物
　フィールドで出会う危険な生物の代表は，毒ヘビ，ハチ，そして近年ではクマである．ヘビには丈夫な靴で対応する．黒い物を攻撃しやすいスズメバチには黒い帽子などは禁物である．ハチは化粧品などの香りにも敏感なので，常用しているものの香りがハチを刺激するものかどうか調べておくのもよい．クマについては出会わないことが最善の対応策なので，現地のようすに詳しい人から現在の情報を得るようにしたい．

4. 危険を招かないための心得

　フィールドでは周囲のようすに気を配ることが大切である．あわてて駆け出したりすることは禁物で，同行者が走り出すのを誘発するような騒ぎ方をしてはならない．また，一生懸命に何かをしていることで，すぐ目の前の危険が察知できなくなることがある．フィールドで何かに集中しているときは危険なときである．

5. 服装と装備

　夏でも基本は長袖，長ズボンで，通気性のよいものが適している．どのような場合でも，汗をかいたときのためなどに着替えを用意しておく．予算が許せば登山用のウエアを準備する．夏でも雨と防寒のための薄い上着は必需品で，ゴアテックスなど撥水性と通気性が両立しているものが理想だが，ビニール製の安い合羽でもよいので必ずもつようにする．靴も軽登山靴が望ましいことも多いが，丈夫なスニーカーでも十分なこともあり，フィールドによっては長靴が適していることもある．登山靴の場合には足にあっていることが絶対的に必要であるが，それ以外の靴なら靴下である程度の調節が可能なこともある．

6. あると便利なアイテム

　ビニール袋，数枚のタオル，そしてガムテープはさまざまな場面で役に立つ．ガムテープは，雨のときには防水用のシールとして使えるし，タオルとともに怪我の応急処置にも使える超便利アイテムである．

失敗例

- 土壌動物を採集していたK先生，石を持ち上げてみると目的の生物を発見し夢中で採集していたら，そのすぐ向こうにいたオオスズメバチに気がつかず，手を刺されてしまった．フィールドワークでは，集中と状況確認の両方が同時に求められる．
- 冬に竹林を掘っていたら，多数のヘビが集団で玉のようになって冬眠していた．専門外だが面白いのでほぐしてみていたら，なんと，マムシもヤマカガシもいるではないか．ヘビの動きが鈍い真冬で命拾いした．野生生物の保護のためにも，面白半分はいけない．

Question 27 生物材料の冷凍保存における留意点は

Answer

生物材料の保存には，冷凍，乾燥，固定した状態などの方法があるが，生物活性を重視するときには，生物材料は冷凍保存されることが多い．冷凍保存には電気，寒材，スペースなどのコストがかかるので，本当に必要なものを，必要な期間に限って保管する姿勢が求められる．

1．フリーザーなどの種類

真核細胞を生かしたまま凍結保存する場合には，$-196℃$ の液体窒素タンクが適している．大腸菌の保存や，試料として用いるための組織の保存は $-80℃$ の超低温（ディープ）フリーザーで行う．これ以上の温度では，細胞内の分解酵素が働く可能性があるといわれている．試薬や抗体，分解酵素の影響がない試料の場合には一般的な冷凍冷蔵庫内温度である $-20℃$ 程度で保存できる．

2．予冷の重要性

超低温フリーザーや，液体窒素タンク内にサンプルを入れるとき，特に大量のサンプルを入れるときには，十分に予冷する．さもないと，フリーザーでは庫内の温度上昇を招くとともに，冷凍機に過度な負担をかける，液体窒素タンクではタンク内の液体窒素の蒸発を著しく早めるなどの問題が生じる．

3．省エネと省スペース

超低温フリーザー内には，何年間も使わないままのサンプルが溜まりやすい．保管する期間を容器などに明記しておくのもよい．また，フリーザー内を定期的に整理することでスペースの節約，必要十分な台数だけのフリーザーを稼働させ

る省エネルギーをはかることが求められる．

4. 保管容器

　保管庫内で試料が迷子になることが少なくない．ビニール袋など破れる可能性のあるものに包んで保管したり，蓋のない箱で保管してはいけない．超低温で柔軟性を失い割れやすくならないことが確認されている樹脂や専用のボール紙製の箱，アルミ製のケースなど，中身が散逸することのない箱の中に試料を納める．ポリプロピレン製のマイクロチューブや遠心管にサンプル名を書く場合には，一般のシールでは剥がれてしまうことが多いので，超低温用のシールを使うとよい．また，マーカーペンで書かれた文字もシールのように剥がれることがあるので注意する．

失敗例

- キャップ付き遠心管にサンプルを入れ，予冷のための液体窒素を入れて蓋をし，フリーザーに収めた．数日後，蓋がはずれサンプルが散乱しているのを発見した．液体窒素が蒸発して遠心管内の圧力が高くなったためだった．超低温の世界では，密閉容器内の圧力変化に注意したい．
- ビニール袋にサンプルを入れ，超低温フリーザーに収めた．数カ月後に取り出そうとすると袋がバリバリに破れ，サンプルを失った．超低温フリーザーや液体窒素の温度では，ビニール袋が柔軟性を失うことがある．
- 東日本大震災に伴う停電で，超低温フリーザーが停止してサンプルを失ったというニュースがあったが，これは電力の供給が数日間にわたって止まることを想定していなかった人災と考えることもできる．超低温フリーザーには二酸化炭素ボンベによるバックアップなどのオプションもあるし，どうしても動かす必要があれば大型の発電機を常備すべきであろう．

Question 28 実験には緩急のアクセントが必要

Answer

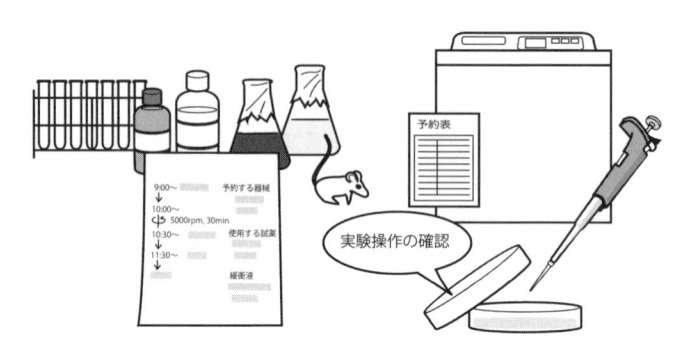

料理に，手早く行う，じっくり行うといったポイントがあるのと同様に，実験には急いで通過すべき操作と，時間をかけてでも丁寧に行う操作とが，一つのプロトコール中に混在している．

1. 丁寧に手早くリズミカルに

丁寧なのと，時間がかかるのとは全く異なる．例えば，ステップごとに試験管中のようすをのんびり観察していては，温度管理ができない．また，プロトコールに記された液量や混ぜる回数を正確に守るより，時間を優先すべき実験もある．

2. イメージトレーニング

実験前にプロトコール（実験マニュアル）をよく読み込んで，実験が始まってから考えることがないようにしておく．はじめての操作については，あらかじめ予行演習（コールドラン）を行うのもよい．

① プロトコールのそれぞれの操作について，どのような原理に基づいて何を行っているのか理解することで，それぞれの操作が，急ぐ必要のあるものなのか，じっくり行うべきものなのかが判断できる．

② あるステップでの温度条件が重要な場合には，どのタイミングでインキュベーターなどをスタンバイさせて，適温を保てるようにするかを知っておく．

③ 実験を行う前日までに，必要な器具や試薬類を準備しておくか，所在を確認しておく．また，必要な機器の予約をすませておく．

3. 急ぐべき操作
① 遠心分離前：組織をすりつぶして遠心分離で何かを分けるときは,何をさておいても大至急で遠心器を回す.時間がたてば,内性の酵素による自己消化が実験を台なしにする.
② PCR：氷の上で,カクテルをつくる.ここは絶対温めない.そして,あらかじめ熱くして置いたサーマルサイクラーに大急ぎでセット.時間との勝負と思ってよい.
③ 無菌操作：クリーンベンチを使っていても,蓋をあけたままのシャーレは危険.手早い操作に越したことはない.

4. ゆっくりすべき操作
① 遠心分離後：タイマーが切れてローターが停止したら,一呼吸おいてから遠心管を取り出すとよい.あわてて取り出すと,遠心管内の溶液が落ち着いていないことがある.
② オートクレーブ：滅菌後に取り出すときには急がない,ここで急いでよいことは一つもない.突沸させたり,せっかく滅菌した溶液のボトルをひっくり返したりしかねない.
③ メカニカルピペット：基本は,チップ先端での溶液の移動を観察しながら,ゆっくり吸って,ゆっくり吐出.特に粘性のある溶液ではゆっくり操作する.

失敗例

● ステップごとに遠心管やマイクロチューブを眺め,中身をじっくり確認するK君.彼の実験は,なかなか成功しない.だって,チューブを手にもって観察している間に,温めると壊れてしまうサンプルが37℃に近づくんだもの.
● 反応時間を正確に保つことが大切な実験をしていたAさん.反応を開始させてから,のんびりと次の緩衝液をつくり始めた.ダメダメ,それは昨日のうちに準備しとかなきゃ.プロトコールは,ステップの順番だけじゃなくて,時間や温度も守るんだよ.

Question

29 材料をすりつぶすときの留意点は

Answer

　材料の磨砕に用いられる乳鉢と乳棒，ポッター型ホモジェナイザーなどは，磁器やガラスをこすり合わせて用いるという，非常識ともいえる器具である．その上，歪に弱い素材で肉厚につくられているため，温度変化や軽い衝撃でも簡単に破損する．破損は，試料の損失にとどまらず大きな怪我にもつながるので，使用には細心の注意を払う．

1．破損の原因を取り除く

① 器具のヒビや欠け，傷を入念に点検し，わずかでも異常のある器具は直ちに廃棄する．

② ポッター型ホモジェナイザーなど共摺りが施されている器具では，摺りの番号から本体とピストンが正しいペアであることを確認する．

③ 低温や高温で使うとき，特に低温で使う場合には，フリーザーなどに入れてあらかじめ必要な温度にしておく．

2．操作中の注意点

① 器具に無理な力や衝撃を与えないよう，滑らかな操作に徹する．

② ポッター型ホモジェナイザーなどピストンを上下させる器具は，本体とピストンをまっすぐに保ち，斜め方向の力をかけないように操作する．使用中に異音や大きな振動が生じたときはピストンが斜めになっているので，振動が最小になる角度を保つのがコツ．

③ 操作中に器具が破損した場合にパニックにならないよう，万一の場合にどう

すべきか練習を行う．
④ 液体窒素で冷却しながら磨砕した試料を乳鉢から回収する場合には，薬匙を液体窒素で冷却しながらすくいとるか，室温でしばらく放置して乳鉢を 0℃ 程度まで温めた後，緩衝液を注ぐようにする．

3. 操作のコツ

① 乳鉢での磨砕では，ただ乳棒に力を込めても細かくすりつぶせず，不必要な摩擦熱が生じる．乳鉢と乳棒の密着感から，すり合わせが最もよくなる位置や角度を探り，その状態で軽く滑らかに磨砕する．

② ポッター型ホモジェナイザーでは，試料を入れてからピストンを押し込むより，あらかじめ奥までピストンを入れておきピストンの上から試料を入れた方が，つぶし残しがないときがある．

4. 洗　浄

① これらの器具は衝撃に弱い上，重いためにビーカーなど他の器具との接触で双方を破損する可能性があるので注意する．

② 温度変化に弱いので，冷却されている器具を，いきなりお湯で洗ってはならない

事故例

● モーター駆動のポッター型ホモジェナイザーを使用中，本体とピストンを斜めに接触させたまま無理に力をかけて破損させ，握っていた手のひらに裂傷を負った．

● A さんの実験を手伝っていた．液体窒素中で磨砕したかったので，試料を入れてから液体窒素を注いだところ乳鉢が割れ，彼女が 1 週間かけて調製した試料が飛び散った．乳鉢に問題があったかもしれないが，試料より先に乳鉢に液体窒素を入れておけば，被害は乳鉢だけですんだ．

Question 30 組織や細胞,オルガネラ単離の留意点は

Answer

　組織からの細胞の単離や,さらにオルガネラの単離は,部位や目的ごとのプロトコールに従って行う必要があるが,失敗しないためには一般的に守るべきコツもある.どのような場合でも,材料の状態が最も大切である.実験に適した齢の,健全な材料でなければ実験は成功しない.

1. 動物組織からの細胞の単離

　単離した細胞をどのような実験に利用するかによって,解剖する環境の無菌状態などに配慮する.メスで組織を細断し,緩衝液中で振盪するなどの物理的方法で細胞が単離できる組織もあるが,血液からの血球細胞の単離では凝血防止のための配慮が必要である.

2. 植物組織からの細胞の単離

　通常の植物組織から細胞を単離するためには細胞壁間の接着をはがす必要がある.プロトプラスト単離用の酵素であるペクチナーゼやセルラーゼを用いるのが一般的であるが,市販の酵素には有害な活性が認められることもあるので,単離後によくリンスするなどの注意が必要である.

3. オルガネラの単離

　オルガネラを単離するには,細胞を壊さなければならない.これが不完全であると夾雑物が多く純度が低くなってしまうが,あまりに徹底的に壊すとオルガネラに損傷を与えることになる.特に細胞壁をもつ細胞を穏やかに壊す工夫が必要になる.

生体高分子を抽出する場合と同様に，細胞を破壊した時点でさまざまな分解酵素が働き始めるため，低温で操作を行うことが必要であり，さらにタンパク質分解酵素の阻害剤を用いるなどの配慮をする．また，細胞を破砕したら速やかに遠心分離を行って粗抽出液からオルガネラを回収しないと，可溶性画分に存在する消化酵素によるダメージを受ける．

4. 単離したオルガネラの純度

　単離したオルガネラの純度や活性は，形態やマーカーとなる酵素などによって確認する．例えば，核は比較的大きく DNA という特異的に蛍光染色することが可能な化合物がマーカーとなるオルガネラなので，蛍光顕微鏡による観察によって純度を知ることができる．また，ミトコンドリアは呼吸関連の酵素によって活性や純度を知ることができるが，形態の健全性を確認するには透過型電子顕微鏡による観察が必要となる．

失敗例

●細胞のホモジェネートから核を回収するための遠心を，収率を高めようとプロトコールよりも 2 倍の遠心力で行った．遠心後，核と考えられる沈殿が固くて懸濁しにくかったため，ピペットでの吸引吐出を繰り返した．懸濁液の粘性が高くなったので顕微鏡で観察すると，壊れた核と考えられる構造が大きな塊をつくっていた．強すぎる遠心力とピペッティングによって核が壊れてしまい，溶出したクロマチン成分が核の残骸を塊にしたものと考えられる．オルガネラのような構造物を扱う場合には，必要以上の力をかけることは禁物である．

Question 31 生体高分子の扱いで気をつけることは
Answer

　タンパク質や核酸は，抽出中に酵素による消化を受けたり，物理的に壊されたりしやすい．操作中の温度管理を徹底すること，分解酵素の活性を阻害すること，操作を手早く行うことがポイントとなる．ここでは，分子生物学的な解析を進める材料としての生体高分子の抽出について述べるが，正確な定量が目的の場合は，また別の注意が必要になる．

1. DNA の抽出と精製

① できる限り切断されていない高分子の DNA を得るためには，液体窒素で凍結させた試料を乳鉢と乳棒で穏やかに磨砕するのがよい．緩衝液中の生物試料をブレンダーで破砕したり，超音波で組織を破壊すると DNA の繊維を切断しやすい．

② 高分子の DNA は物理的に弱く切れやすい．先の細い駒込ピペットで DNA 溶液を扱うと長い繊維を切る原因となる．

③ 通常の DNA 分解酵素はマグネシウムイオンを要求する．酵素による分解を防ぐには，緩衝液中に EDTA を加えてマグネシウムイオンを除去する．

④ DNA の精製では，細胞内の糖が同じ画分にきて困ることがある．糖が多く含まれる植物材料では，直接 DNA と作用する化合物である臭化セチル-4-メチルアンモニウム（CTAB）を用いることが多い．

2. RNA の抽出と精製

① RNA 分解酵素は生体内に多く存在し，有効な阻害剤も少ない．また，調製

されたで緩衝液中のRNA分解酵素を失活させるのも容易ではない．ガラス製器具などはRNA専用にするなどの配慮をする方法もある．
② 完全長のmRNAを得るのは容易ではない．さまざまなPCR法を利用して解析を進めると効率がよい．

3. タンパク質の抽出と精製
① 組織の破砕は，石英砂などを用いて行うと効率がよい場合がある．
② タンパク質の構造を維持した状態で抽出精製する場合には，緩衝液のイオン組成や塩濃度に気をつけなければならない．
③ タンパク質は抽出中に分解されやすい．操作を低温で行うこと，メルカプトエタノールなどSH基の保護剤を使用すること，必要に応じてタンパク質分解酵素の阻害剤を利用することなどの配慮が必要である．

4. 夾雑物の除去
低分子の夾雑物や，植物材料の場合にはポリフェノール類の除去が必要になることもある．透析を行うのが一般的であるが，植物材料ではポリビニルポリピロリドン（PVPP）などの添加が有効な場合もある．

失敗例

- DNAを抽出しようと，乳鉢と乳棒で力を込めて組織をすりつぶした．得られたDNAは短い断片になっていて，その後の解析に使用できなかった．生体内の高分子は，物理的に壊れてしまうことがある．無理な力をかけない注意，内性の酵素による消化を防ぐ注意が欠かせない．
- 塩性植物であるアッケシソウからCTAB法でDNAを精製しようとしたが失敗した．CTABは溶液中の塩濃度が低くなるとDNAと結合して沈殿する．元の組織に大量の食塩を含むアッケシソウでは，通常のプロトコールでは塩濃度が十分に下がらなかったのが失敗の原因である．反応の原理を理解し，材料の状態を知ってから実験をしなければならない．

Question
32 生体分子の定量で考えるべきことは

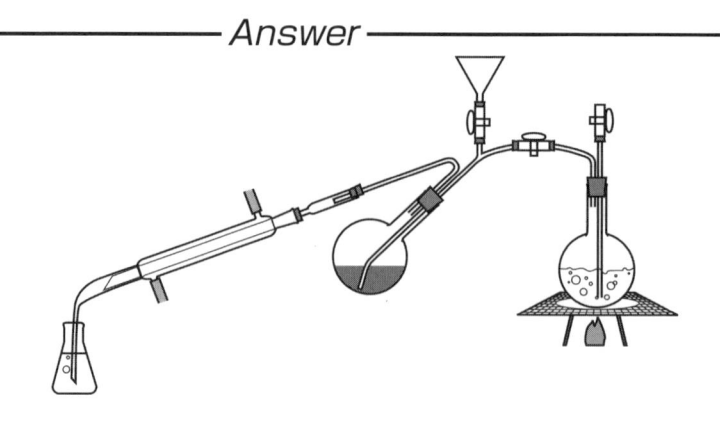

Answer

　技法や装置，使われる試薬は，実験の目的やスケールに合致する形で変化してきた．一例として，生体分子の正確な定量があげられる．生物学的な活性を保った生体分子の精製に主眼がおかれる分子生物学的における定量と，活性は失われても化学的に純粋で回収率がほぼ100%であることが必要な定量では方法が異なる．ここではタンパク質と核酸の定量実験を取り上げ古典的な方法の利点を考える．

1. タンパク質の定量

　タンパク質の定量法として以下の比色法がよく利用される．① 近接した複数のペプチド結合が強アルカリ条件でCu^{2+}と錯塩を形成して発色することを応用したビウレット法（BCA法など），② 芳香族アミノ酸とフェノール試薬とに由来する呈色反応を利用したローリー法などのフェノール試薬法，③ Coomassie Briliiant Blue G-250などの色素の吸収波長がアルギニン残基および芳香族アミノ酸の側鎖と結合することで変化することを利用するブラッドフォード法などの色素結合法．これらの方法は共存物質による影響を受けやすい，アミノ酸組成によって値が変化することなどの問題がある．また，基本的には可溶性のタンパク質に適用される方法である．

　どのような生物試料でも，そのままの状態で安定にタンパク質の定量を行う場合には，試料を硫酸中で加熱することで，窒素化合物を最終的にはアンモニアと

して定量するケルダール法に頼らなければならない．ケルダール法は，操作が煩雑であり，また比較的多量の試料を必要とするが，正確な定量のためには，現代でも行わなければならない方法として確立されている．

2. 核酸の定量

分子生物学で一般的なのは，260 nm の紫外線の吸光度による DNA の定量であろう．この方法で測定する対象は，精製された DNA を溶質とする溶液である．例えば 20 g の筋肉組織中に含まれる DNA を定量しようとしたとき，組織から DNA を抽出精製してから吸光度を測定したのでは，操作の途中でのロスが生じ，実際より低い値しか得られない．定量は，組織に含まれる DNA の全てを取り逃がさないことが前提である．そして，大切なのは定量した値であり，DNA そのものではない．

古典的な DNA 定量の基本的な考え方は，過ヨウ素酸不溶性画分として得られるデオキシリボヌクレオチドの高分子中のデオキシリボースの定量である．この方法なら，DNA は最終段階まで沈殿として回収されるため取り逃がしがなく，DNA と RNA，核酸とヌクレオチドを区別できる．

失敗例

● Coomassie Briliiant Blue G-250 を利用するブラッドフォード法で，尿素が入った緩衝液に溶かしたタンパク質の定量を行った．分光光度計で吸光度を測定すると，全ての試料で予想をはるかに上回る濃度が得られた．この方法では，試料液中の尿素がバックグラウンドを高めて測定不能に陥らせてしまう．定量を阻害する要因などについては，技法書やキットの説明書でよく確認しておく必要がある．

Question 33 核酸の電気泳動を安全に行うには

Answer

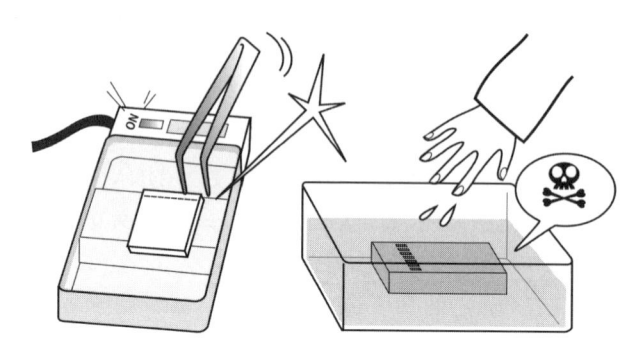

　手軽に行えるアガロースゲル電気泳動が主流だが，核酸の電気泳動実験には感電や発癌物質などの危険がある．

1. 危険はこんなところに

① 火傷に用心：アガロースは十分に熱を加えないと完全に溶解しない．電子レンジでもオートクレーブでも，突沸させると粘性のある溶液が飛散する．まとわりつくアガロースは重度の火傷を負いやすい．

② 染色液の発癌性：毒性の低い色素が使われるようにもなったが，強い発癌性をもつエチジウムブロマイド（EtBr）も使われている．素手で触らないのはもちろんだが，染色液のついた手袋や器具，廃棄物も危険物として取り扱う．

③ 泳動槽の扱い：電源部とセットになった小型の泳動槽を使うケースが多くなった．簡便な装置だが，電源との接続部分などに水滴がついていないことを確認する．また，以前の実験者が使用したときに泳動槽中にエチジウムブロマイドを入れていた可能性もあるので，泳動槽の内部には素手で触れないようにする．

④ 泳動の途中では：泳動中にゲルが動いてしまうことがある．そんなとき，ゲルを元の位置や角度に戻したいのが人情だ．さすがに指で触るのは気が引けるので，そこらにある道具，ピンセットとかお好み焼きのコテとかでゲルを動かそうとする．それらは金属，電気を通す．直流100 Vの直撃は，よくて

も動けなくなる.

2. 失敗しやすい操作

① ゲルが不均一：完全に溶かしてから固めないとゲルが不均一になり，わけのわからない泳動像が得られる．十分に熱を加え，光が散乱しない完全な透明になることを確認する．完全に溶けたら，もう一度よく撹拌して濃度を均一にする．

② 不出来なウエル：試料を入れるウエルをつくるためのコームがゲルの底を突きぬけないよう気をつける．また，固まったらウエル内を泳動用の緩衝液でリンスする．

③ 濃すぎる緩衝液：高濃度の保存液を使用するときは，希釈倍率をよく確認すること．緩衝液が濃いと過電流が流れて発熱する．

④ 試料液の夾雑物：核酸の回収に使ったエタノールが残っていると，試料の比重が足りずウエルに落とし込んだつもりが，浮いてきてしまうことがある．

⑤ 試料液の色素が邪魔：短い断片を泳動するとき，バンドの位置が試料液の色素の位置と重なってしまい，染色しても見えにくくなることがある．これが予想されるときには，色素を含まない試料液をつくる．

⑥ 染まらない染色液：本来はピンク色のエチジウムブロマイド溶液が黄色や青く見えるようになったら，DNAは染まらない．

事故例

● 通電中のゲルが動いてしまったのに気づき，薬匙で元の位置に動かそうとしたら感電した．腕がしびれて動かせなくなっているのに気づいた仲間が，思いきり蹴飛ばして倒してくれて助かった．

● 紫外線を照射してエチジウムブロマイドを光らせるトランスイルミネーターでゲルからバンドを切り出していたS君の，あごから首が火ぶくれになってしまった．紫外線カットのフェースマスクはしていたが，首には気がつかなかった．以後，我々は首にタオルを巻いて作業をしている．

Question 34 PCRがうまくいくコツを教えてください

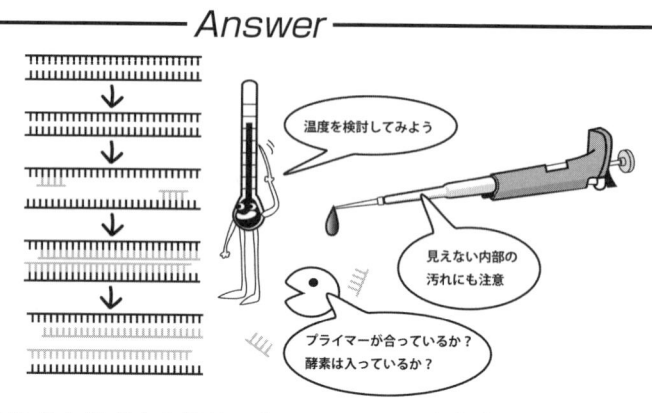

Answer

現代の生物学を代表する技法であるPCRは，反応条件などを理詰めでは設計できず，試行錯誤で探るという一面をもっている．成功には，経験と粘りも必要である．

1. 殿様には向かない実験

PCR実験は，ちまちまとした操作を手早く行う必要があり，鋳型，プライマーなどを最小限だけしか加えてはいけないという，「けちけち」精神は絶対に守らなければならない．安心のためにプライマーなどや，反応液の量を気持ち多めに，というのは絶対禁物である．

2. プライマーとアニーリング温度

① プライマーの設計には，プライマー対のアニーリング温度をそろえ，3′末端のAやTを少なく保つなどの基本はあるが，決定的な方法はない．

② DNA鎖の5′→3′の方向性と，塩基の相補性を同時に考えると混乱に陥りやすい．落ち着いて，鋳型の必要な個所の塩基配列と，これにプライマーを結合させた状態をノートに書き出して検討する．

③ 意外なようだが設計値より少し高めのアニーリング温度で，目的の産物が得られることがある．条件を厳しくすることで，特異的に目的の個所に照準をあわせることができるためである．

3. 鋳型について

一般的には，鋳型となる核酸の純度は，他の分子生物学的な実験に比べて高い

必要はない．同様の材料でのプロトコールに従えばよい．
　ゲノム中に多数存在する配列の場合には，その領域を含むと考えられるクローンなどを利用する方法もある．

4. 温度管理
　チューブ内に反応液を調製するときから，サーマルサイクラーが温度サイクルを開始するまでは，非特異的な合成反応を阻止するため，少なくとも氷温を保つ必要がある．特に多数のチューブを扱うときなどは，あらかじめチューブの並べ方などを含めて練習しておき，手早い操作を実現させなければならない．

5. コンタミネーション
　鋳型になりうる核酸は，意外なところから混入してくる．メカニカルピペットのチップはフィルター付きのものを用いる，使用する純水の管理を徹底する，必要に応じてDNA除去剤などでピペット類を洗浄するなどの配慮をする．

失敗例

- ゲノムの情報がデータベースに蓄積されていなかった頃のこと．植物で見つかった遺伝子を，動物ももつだろうか調べていた．マウスのゲノムDNAでPCRを行ったところ，全く同じ配列が検出された．嬉しかったが，あまりに一致しすぎていた．念のため，メカニカルピペットを含めて新しくしてみたら，このバンドは消えた．メカニカルピペットから，もともとの植物のDNAが混入していたのが原因だった．
- 何度も何度も根気よくプライマーをつくり直しては，目的の塩基配列を増幅しようと試みていたAさん．ノートを整理していて気がついた．焦っていたのか，$5' \rightarrow 3'$の方向性を含め，プライマーの設計を何重にも間違えていた．DNA鎖の方向性と，相補性という分子生物学の基本を忘れてはいけない．

Question 35 酵素などの活性の基準は

Answer

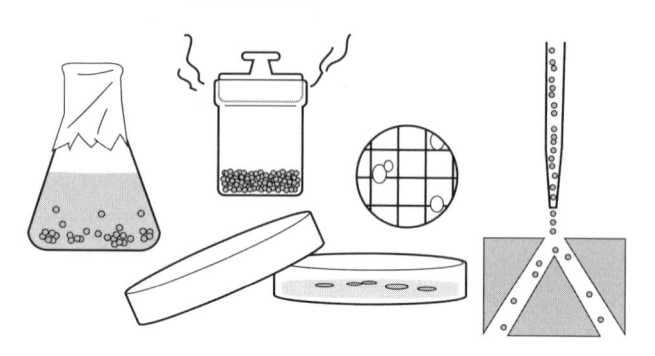

　生体内の物質量を測定するときに，個体当たり，生体重当たりなど，さまざまな「分母」が考えられる．この分母は，研究の目的やデータの表し方を熟慮して決めなければならない．安易な分母をとると結論を誤る原因になる．

1. 分母となりうる単位

① 集　団：「個体群当たり」として，細胞であればフラスコ当たり，植物であれば単位面積当たりなどが用いられる．個体などの密度などが問題になることがある．

② 個体や細胞数：「細胞当たり」や「個体当たり」は，つねに考慮されるべき生物の基本単位である．ただし，遊離している単細胞でない限り，細胞数を正確に測定することは困難なことが多い．

③ 重　さ：「生体重（FW）」「乾燥重（DW）」がよく利用される．生体重では試料ごとの水分含量の差が問題になることがある．乾燥重の場合には，どのような条件で乾燥させるか，あるいはどのタイミングの重量をとるかを決めておく．

④ 容　積：細胞の場合は，一定条件での遠心によって生じる沈殿の体積で細胞量を表すことがある．細胞の大きさに左右される値である．

⑤ DNA量：細胞当たりのDNA量は一定であると仮定して，相対値で細胞数を比較する場合に用いることができる．ゲノム当たりのDNA量がわかっていれば，細胞数を概算することも不可能ではない．なおDNA量を基準にす

る場合には分子生物学的に用いられる手法ではなく，高分子（酸不溶性画分）に含まれるデオキシリボースを定量する必要がある．
⑥ タンパク質や，リボゾーム RNA 量：特定のタンパク質や酵素，ある遺伝子の mRNA 量を測定するときに，全タンパク質や rRNA 量に対する値で表すことがある．
⑦ セルソーターによる細胞数の計測：遊離している細胞の場合にはセルソーターでの計測が可能で，自動化できる利点がある．

失敗例

- 植物の培養細胞を使い，細胞当たりの内容物量で書かれた論文があった．この論文では細胞塊をプロトプラスト化して細胞数を数えていたが，後で追試をすることになり，正確を期するためにプロトプラスト化してから核を染色してみると，プロトプラスト化の途中で融合し核が複数ある細胞が多く，データの基礎がくるっていることが発覚した．プロトプラスト化など操作を加えてからの測定には注意が必要である．
- DNA 量で細胞の増殖を追いかけた．通常の SDS フェノール法で DNA 精製し，260 nm の吸光度で定量した値は，重量など他のパラメーターで測定した増殖曲線と異なっていた．この場合，「取り逃がし」がないように，傷のない高分子の DNA を精製するのではなく，化学的な定量実験を行わなければならなかった．

Question 36 タンパク質の電気泳動で気をつける点は

Answer

タンパク質分析の第一歩であるポリアクリルアミドゲル電気泳動にも，試薬の毒性や感電などの危険が潜んでいる．

1. アクリルアミドの危険性
① アクリルアミドの毒性：モノマーであるアクリルアミドは神経毒であり，LD_{50} はマウスで 170 mg/kg である．
② 法的な規制：アクリルアミドは労働安全衛生法による規制を受ける．厳重に保管し，使用記録をつけることはもとより，使用する実験室も環境測定が義務づけられている．
③ 秤量時の注意：アクリルアミドの粉末は舞い上がりやすい．秤量するときにはマスクとゴーグルを着用するなど完全防備で臨むこと．

2. ゲルを自作するときに注意すること
① 試薬の鮮度に注意：ポリアクリルアミドゲルは，アクリルアミドとビスアクリルアミド間の架橋によるポリマーで，重合反応には過硫酸アンモニウムやリボフラビンを利用する．これらは分解しやすいので，あまり古い試薬は使用しない方がよい．少なくとも過硫酸アンモニウムの保存液を数週間もとっておいてはいけない．
② ガラス板の清浄度に注意：ゲルをつくるガラス板上についた指紋は，精密な分析には確実に影響する．
③ 空気の混入に注意：アクリルアミドの重合は酸素で阻害される．つくりたて

の超純水を用いるのでない限り，モノマーの溶液は界面活性剤と重合促進剤を入れる直前に抜気する．目に見える気泡もいたずらをする．ウエルをつくるためのコウムを差し込むときに気泡を抱き込むとウエルの形が歪み，変な形のバンドができる．泳動漕にゲルをセットするときにも，ゲルの下端に大きな気泡を残さないようにする．

④ モノマーの廃液に注意：ゲルの作製で残ったモノマーや保存液は，重合させることで無害化してから廃棄する．

3. 試料を調製するときに注意すること

組織の粗抽出液を試料にして電気泳動を行うと，タンパク質のバンドがはっきりしないことがある．核酸などの高分子も，混入してくるさまざまな低分子も，泳動結果に影響を与える．試料の由来する生物種や組織によって処理法は異なるが，プロトコール集などをよく読んで，前処理を行うとよい．

4. 電流の調節

スラブゲル1枚で泳動するときに比べ2枚のときには，ゲルの厚さすなわち電極の太さが倍になるので，単純計算では抵抗は1/2になる．そのためオームの法則から，定電圧で泳動する場合の電流は2倍になり，発熱も倍になる．泳動用緩衝液の濃度が間違っている場合にも抵抗が変わり，電圧あるいは電流の異常が生じる．

失敗例

● 泳動後のゲルを素手で扱って銀染色を行った．染色後のゲルには，しっかりと指紋が浮き出ていた．染色された指紋は，ゲルの表面を軽くこすった程度では落ちないことが多い．

● 泳動パターンの記録にはスキャナーが便利である．最近は見なくなったが，以前には，図書館のコピー機でゲルのコピーをする輩がいた．公共の，しかも図書館のコピー機で，染色液や酢酸が，そして少なくとも水がついているゲルの記録をとるなど，非常識のきわみである．

Question 37 抗体を上手に使うコツは

Answer

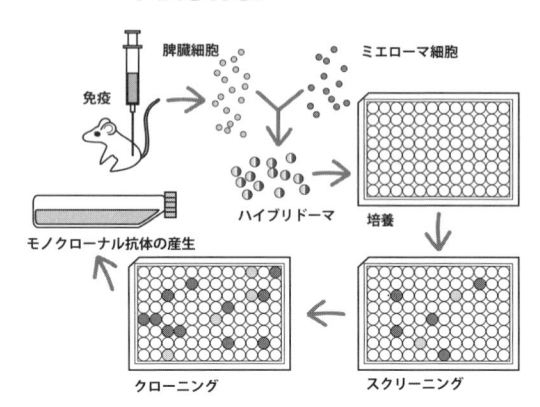

[図: マウスへの免疫 → 脾臓細胞 + ミエローマ細胞 → ハイブリドーマ → 培養 → スクリーニング → クローニング → モノクローナル抗体の産生]

複数の対照（コントロール）実験を行って，非特異的な反応の可能性を排除するとともに，抗体分子は一つの抗原決定基（エピトープ）にだけ応答するという原則を忘れないことが大切である．

1. モノクローナル抗体とポリクローナル抗体

ハイブリドーマをクローニングすることで単一の抗体分子種のみが含まれるものをモノクローナル抗体，また抗血清のようにさまざまなエピトープに対する抗体が混在するものを便宜上ポリクローナル抗体と呼ぶ．なお，抗血清から単一の抗原だけに応答する抗体を分画したものをモノスペシフィックと呼ぶこともある．

2. モノクローナル抗体のメリットとデメリット

モノクローナル抗体は，一つのエピトープだけに応答するので，抗原を認識する特異性はポリクローナル抗体より高い．しかし，同じエピトープをもつものに対しては，本来の抗原でなくてもポジティブな結果が得られてしまうという問題もある．

3. 一次抗体と二次抗体

多くの技法で，抗原に特異的な抗体である一次抗体と，一次抗体を認識する二次抗体が用いられる．二次抗体は，色素，酵素，金コロイド，超磁性体などで標識し，間接的に抗原を検出する．二次抗体の標識法を使い分けることで，一次抗

体を多くの目的に活用できる．
  ① 一次抗体：自作のモノクローナル抗体ポリクローナル抗体，抗血清，市販の抗体が用いられる．
  ② 二次抗体：一次抗体に用いた動物種の免疫グロブリンを抗原としてヤギなどで作製した抗血清．市販品を用いるのが一般的である．

4．抗体を使うときの注意
  ① 免疫応答は鋭敏なものであり，ノイズを受けやすい．一次抗体を用いない条件では反応が起きないことを確かめるネガティブコントロール実験を行う必要がある．
  ② 抗体を自作する場合には，動物を免疫する前の前免疫血清（pre-immune serum），コントロール実験に用いる．
  ③ 検出する対象が電気泳動後の変性されたタンパク質であるような場合には，同じ条件の抗原を用いて抗体を作製するのが望ましい．

4．抗体の保管
抗体はタンパク質であることを念頭に保管する．長期保存は－20℃で行い，20～50％のグリセリンで氷結晶の形成を避け，凍結融解を繰り返さないために小分けしておくとよい．

失敗例

●モノクローナル抗体を使った一連の仕事で，そこにはないことが明らかなタンパク質が存在するという主張を続けたグループがあった．モノクローナル抗体の落とし穴に落ちたようだ．モノクローナル抗体は同じエピトープと認識したら本来の抗原でなくても応答してしまい，ポジティブであるという結論を導いてしまう．この例は，異なるタンパク質が似たようなエピトープをもっていたための誤認だろう．

Question 38 滅菌を安全確実に行うには

Answer

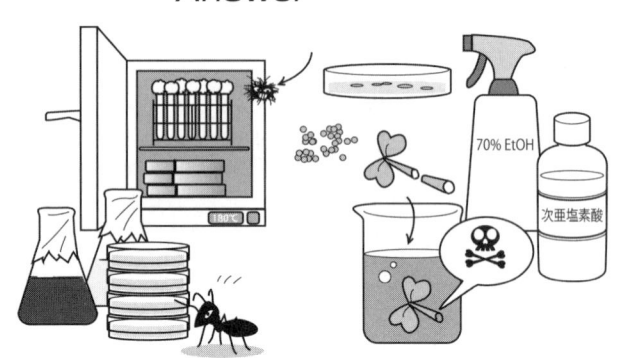

滅菌の操作は，試料や検体の無菌化は実験の最初のステップであるとともに，廃棄物処理として実験の最後のステップとして，実験の成功と安全に欠かせない．一方，滅菌は生物に有害なために成り立つ操作であり，従事者にも危険であることを忘れてはならない．

1. 滅菌法
滅菌操作には，微生物を死滅させる方法と除去する方法がある．
① 火炎滅菌：金属製の器具や，試験管の口などを火炎であぶる．
② 乾熱滅菌：器具を120℃から180℃に1時間から数時間おく．
③ オートクレーブ滅菌：圧力容器中の水蒸気で10^5 Pa，121℃として15分以上おく．液体も滅菌できるなど応用範囲が広い．
④ 薬剤による滅菌：生物材料の表面殺菌には，70％エタノール，次亜塩素酸ナトリウム溶液などが用いられる．樹脂製品の滅菌にはエチレンオキサイドガスが用いられる．
⑤ 沪過滅菌：孔径0.22 µmあるいは0.45 µmのメンブレンフィルターで沪過することにより溶液中の微生物を除去する．ウイルスは除去できない．
⑥ HEPA（High Efficiency Particulate Air Filter）フィルター：気体中の微生物を捕捉，沪過する．

2. 対象物ごとの滅菌法での注意
① 金属製品：火炎滅菌で焼きすぎると著しい腐食が起こる．

② ガラス製品：急な温度変化での破損に注意する．
③ 樹脂製品：ポリカーボネート，ポリプロピレン，ポリメチルペンテン（TPX）はオートクレーブ滅菌が可能だが，ポリスチレンは熱に弱い．
④ 生物材料：70％エタノール，希釈した次亜塩素酸ナトリウムで表面殺菌するが，材料自体にも害があるので条件の検討が必要．
⑤ バイオハザードなど：滅菌後のオートクレーブバッグには滅菌済みであることを明記して廃棄する．

3. 滅菌された器具などの保管
① 器具は，ほこりのつかない乾いた場所に保管する．
② 調製された試薬の溶液や緩衝液は必要に応じて冷凍あるいは冷蔵保存する．常温保存のものも，滅菌済みであることが明らかなようにして保管する．
③ 培地などは，専用の保管庫や冷凍スペースで保管するのが望ましい．

失敗例

● 植物の組織培養を始めようと，組織を70％エタノールに10分間つけてから，抗生物質の入った培地に植えた．ところが，細胞は全滅した．植物の細胞には，エタノールや多くの抗生物質は致死的に働く．生物材料の表面殺菌には，滅菌時間などを検討するための予備実験が必要である．

● 動物由来の成分を含む培地を滅菌し，実験台で保管していたところ，アリが集まって容器内に侵入した．ダニが入った話も聞いたことがある．培地は気密性の高い容器に保管するなどの措置を講じないと，ゴキブリやアリ，ダニなどを呼び寄せてしまう．滅菌された器具や培地の保管場所を選ぶことは，滅菌の操作と同じくらい大切である．

Question
39 オートクレーブの安全な使い方は

Answer

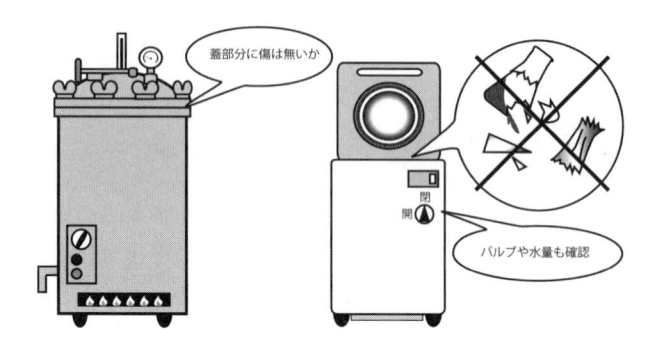

(図中吹き出し: 蓋部分に傷は無いか / バルブや水量も確認)

　オートクレーブは1,500 Wから3,000 Wという大電力を消費し，大気圧の2倍の圧力を121℃の水蒸気で生じさせている圧力容器である．どのような機種でも原理は同じで，操作には火傷や感電の危険が伴う．

1. オートクレーブ本体の保守と点検
① 電源を落とした状態で，水量と水の汚れ，圧力罐の錆や汚れがないことを確認する．
② フランジ蓋のガスケットの異物や傷など，蒸気漏れの原因がないことを確認する．
③ 排気バルブは，目視ではなく必ず回して，閉まっていることを確認する．
④ 使用後，アルミ箔の切れ端などが圧力罐内にないことを確認する．
⑤ 定期的に罐内を軽く洗い，水を交換する．
⑥ フランジ蓋を太いネジで閉める機種では，このネジ部に高温に耐える油脂を薄く塗布すると，蓋が閉めやすくなり気密性が確保される．

2. 滅菌物への注意
① メディウム瓶などの蓋は緩め，内圧が抜けるようにする．
② 生物用のオートクレーブで，有機溶媒の滅菌をしてはならない．
③ 樹脂製の容器は，高温で軟化するので，オートクレーブ中に力がかからないように気をつける．
④ 圧力罐には，排気や圧力測定用のためのパイプが接続されている．オートク

レーブバッグを利用する場合，袋が膨張してパイプへの入口となる孔を塞がないよう気をつける．

3. 確実な実験のために

① 500 mL 以上の容器に溶液を満たした場合，日本薬局方に記されている 121 ℃ 15 分間では完全に滅菌できないことがある．培養土など断熱性の高いものも同様である．少量ずつ滅菌するか，滅菌時間を経験に基づいて延長する．

② 複雑な組成の溶液をオートクレーブすると，予期しない化学反応が起こりうる．複数の溶液を別々に滅菌して，冷却後に混ぜ合わせるなどの操作が必要な場合がある．

③ 溶液の濃度が変わる可能性がある．正確な濃度の溶液が必要な場合には，わずかに濃度の高い溶液と溶媒（水）を別々にオートクレーブし，冷却後に濃度を測定して，必要な値に希釈する．

事故例

● ハンドルを回してフランジ蓋を閉める旧式の機種で，閉め方が不十分だったため，蓋の隙間から蒸気が噴き出した．あわてて増し閉めしようとハンドルを回すと，噴き出す箇所が次々変わり，もう少しで火傷するところだった．同様のことは，安全弁のウエイトでも起こる．あわてずにスイッチを切り，十分に冷却した後，再度操作を行う．

● オートクレーブの圧力計が 0 を示したので，培養液 1.5 L の入った 2 L のフラスコを取り出し，すぐにアルミ箔の蓋を開けたら突沸した．水蒸気がアルミ箔とフラスコの間をシールしていて気密状態だったのが，蓋をずらしたことで気圧が下がり沸点を超えたのが原因である．

● 培地を満たした 1,000 mL のメディウム瓶を，小型オートクレーブに何本も入れ，15 分間滅菌した．数日後，どの培地にも微生物が認められた．500 mL を超える容器に溶液を満たした場合には，通常の条件では中心部まで十分に加熱されないことがある．

Question 40 濾過滅菌の留意点は

Answer

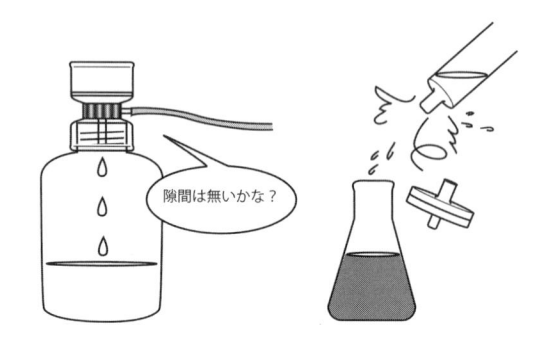

（隙間は無いかな？）

濾過滅菌は孔径 0.22 μm あるいは 0.45 μm メンブレンフィルターを用い，熱に弱い化合物を含む溶液や，気体中の雑菌を除去する方法である．フィルターに傷があれば滅菌に失敗したり，ウイルスなどフィルターを通過するものもあり，注意が必要である．

1. メンブレンフィルターの種類

メンブレンには多くの種類の材質と異なる孔径のものがある．カタログを調べ，滅菌する試料に含まれる溶媒に耐性のある材質と，適切な孔径の製品を選択する．また，フィルターを装着して実際の濾過を行うための器具にも，加圧式のものと吸引式のものがあり，目的に応じた使い分けが必要である．

2. 加圧式ユニットでの滅菌操作での注意点

少量の液体をシリンジで加圧して行う滅菌では，圧力のかけすぎによって，フィルターユニットがシリンジから飛んでしまうことがある．また，ホルダータイプのユニットでは，過度の圧力によって液漏れが起こる．

シリンジの先に装着するタイプのフィルターユニットは，使用中にシリンジのピストンを引いて負圧をかけるとフィルターを破損することがある．

3. 吸引式ユニットでの滅菌操作での注意点

容量の多い場合に用いられる吸引式の濾過滅菌ユニットでは，接続部分に隙間がないことをよく確認し，滅菌されていない外気を巻き込まないようにしなければならない．

4. フィルターの目詰まり

　メンブレンフィルターは溶液中の微粒子による目詰まりを起こしやすい．詰まりが著しいときは，ガラスフィルターなどを用いた予備的な沪過を行っておくか，あらかじめ 10,000 g 以上の高速遠心によって微粒子を除いておく必要がある．

5. ウイルスの残留

　メンブレンフィルターでは，ウイルスを除去することはできない．ウイルスが混入している可能性のある溶液や，気体の滅菌ではウイルスが残存している可能性を考慮しなければならない．

失敗例

● シリンジの先に使い捨てのフィルターユニットを取り付けて，30 mL ほどの溶液を沪過滅菌しながら培地に加えようとしていた．液の通りが悪くなったので，思い切り力を加えてピストンを押したところ，フィルターユニットがはずれて培地の中に飛び込んだ．当然ながら，培地は未滅菌の溶液などで汚染されてしまった．目詰まりしやすい溶液はあらかじめ微粒子を取り除く処理をしておくこと．また，沪過された溶液を，滅菌済みの空容器に受けるようにすれば，沪過に失敗しても被害は少ない．

Question 41 無菌培養とはどのようなもの

Answer

　無菌培養とは，目的とする生物種の器官，組織あるいは細胞を環境が制御された容器内で育てることで，さまざまな研究において基礎的かつ欠かせない技術である．

1. 環境の制御
　無菌培養では，生物学的環境，化学的環境，物理的環境の三つを制御する必要がある．これらが制御できないと，再現性などで大きな問題が生じる．
① 生物学的環境：目的とする生物材料だけを生育させる．意図的に複数の生物種を共存させる場合もあるが，雑菌の混入は許さないことから無菌培養と呼ばれる．
② 化学的環境：培地の組成という化学的な環境が把握されている．ただし，血清や天然物に由来するペプチド類を使用する場合がある．
③ 物理的環境：温度，必要に応じて二酸化炭素濃度や照度が制御されている．

2. 培養の種類
　器官の機能を残しながら行われる器官培養と，細胞の塊あるいは遊離細胞の集団として行われる組織培養や細胞培養がある．また，細胞の状態からは，健全な細胞の性質を残している初代培養と，不死化した細胞としての株細胞の培養に大別できる．

3. 雑菌の混入（コンタミネーション）
　生育の早い微生物の培養では，希釈による無菌化が可能だが，生育が遅く1個

の細胞からの培養が容易ではない真核細胞の無菌培養では，雑菌の混入は致命的である．雑菌の混入を防ぐためには，徹底した滅菌と，従事者の手を含めて実験環境を清潔に保つことが大切である．また，沪過滅菌ではウイルスは除去されない．ウイルスやマイコプラズマ汚染の検査が必要な場合もありうる．

4. 無菌培養の限界

個体の一部として生育している組織の細胞と，容器内で無菌培養されている細胞とでは，栄養状態や細胞が受けるストレスなどが異なる．培養細胞を材料にした研究で得られた結果は，ある培養条件下での細胞の応答であることを忘れてはならない．

問題となる例

- 植物では，器官培養で苗を大量増殖する方法が確立されている．野生のランの保全のために，この技術を利用しようと考えたNさんは，相談した研究者全てに「やってはダメ」といわれた．有性生殖で増えるのと異なり，培養で増殖する苗はクローンなので，安易に生態系に戻すと種の多様性を損なう結果になりかねない．めげないNさんは，増殖したランを売店で売ることで，野生からの盗採を防ぎ，成果をあげている．
- Sさんが培養細胞を使って出したデータが安定しない．原因は，実験ごとに複数の細胞株から違う株を適当に選んで使っていたためだった．個体差と同じように，細胞株ごとの差があることも少なくない．細胞株ごとの特性を知っておくことは大切である．

Question 42 無菌操作を安全に行うには

Answer

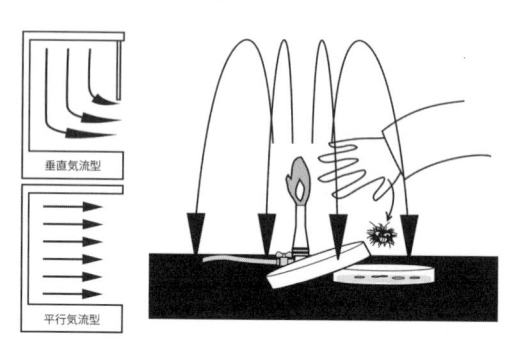

　無菌操作の目的は，対象となる生物種，器官，組織以外の混入を防ぐことにある．基本的には雑菌が入り込まなければよい．そこで，クリーンベンチなどで高度な無菌的環境を確保した上で，操作手順を考え，手早く操作を行うようにする．

1. 無菌環境の維持

① 雑菌は，重力によって降下するか，気流に乗って流れてくる．培地の上に手をかざすなど，無菌状態を保ちたい個所の真上や風上に，雑菌の付着している可能性のあるものをもってきてはいけない．

② クリーンベンチには垂直気流型と，水平気流型がある．無菌度に違いはないが，気流の方向を考えた操作を行う必要がある．

③ クリーンベンチは完全な無菌状態を保証するものではない．手早い操作を行うことが大切である．

④ 無菌操作の前に機器を70%エタノールで拭うことが多い．しかし，エタノールの混入は細胞の生育を阻害するので注意すること．

2. クリーンベンチに持ち込むものについて

　外部からクリーンベンチへ持ち込んだ機器の外側には，必ずほこりや雑菌が付着している．それらの持ち込みを最低限にするよう心がける．

① 滅菌済みの容器や器具は，清浄な保管場所に保管する．

② 培養物の入ったフラスコや，メディウム瓶の口は，炎で軽くあぶってから開閉するのが一般的である．

③ 原則として，クリーンベンチ内には物を保管しない．
④ 無菌室内にはゴミ箱を置かず，ゴミはその都度持ち帰る．

3. 炎の取扱い

　無菌操作では，器具をバーナーの炎であぶって表面を滅菌することが多い．クリーンベンチ内には，70%エタノールを入れた容器を置いてあることも多いが，引火性の危険がある．倒れてもエタノールが漏れないよう，ティッシュにしみこませて広口瓶に入れておくとよい．

4. 有害物質，やけど，手荒れ

　無菌操作に伴う滅菌は，生物にとって有害なので有効である．慣習として行っている操作を見直し，滅菌用の薬剤への被曝や，やけどなどを防ぐとともに，火災などの事故が起きないよう気をつける．

事故例

● クリーンベンチ内でエタノールに，バーナーの火が引火した．とっさに水かけて消火，あれ，これエタノールだよ．火が大きくなっちゃった．危険を感じファンのスイッチを切ったら，炎がフィルターユニットに移り，クリーンベンチの内部を全焼．我々は，「水をかけて消火」と教えられている．クリーンベンチの周辺で水に見える液体は70%以上のエタノールのことが多い．あわてると，これをかけてしまので簡単に蓋が開いてしまう状態のエタノールを置くべきではない．ちなみに，クリーンベンチ内のエタノールの炎は，小さなものであれば温度も低く，自然に鎮火可能なことも多い．

● クリーンベンチ内で，色素を使う実験をした後，白衣のおなかの辺りに色がついていた．クリーンベンチでの操作では，ベンチ内の風を浴びることになる．危険な試薬，有害微生物を扱うときにはクリーンベンチではなく，内部が陰圧に保たれているセーフティーキャビネットを使用するなどの注意が必要である．

タオル —チョイ汚れの必須アイテム—

このごろの学生はハンドタオルを持ち歩いていて，白衣の腰にタオルをぶら下げている姿を見かけなくなった．昔はよくそうしていたものだ．バイオ実験では手を洗うことが多い．洗った手を拭くのにタオルは実験室の必須アイテムである．だがしかし，ずっと洗わずに使っているタオルで洗った手を拭うのは雑菌を塗っていることになるのかもしれない．私自身，実験室で使っているタオルを洗うと水が真っ黒になってギョッとするのを繰り返している．ペーパータオルで手を拭いて，使い終わったものは雑巾として実験台を掃除するのに使う手もあるが，このような使い回しをすることをよくいっておかないと学生たちは手をちょっと拭いただけでポイとしてしまい，資源の無駄遣いになってしまう．

それでも，タオルは実験室の必須アイテムだと考えている．紙ではできない使い方ができるのがタオルである．たとえば，Q33 にも首周りの防具としてタオルが登場するし，救急用品にも利用できる．清潔であれば．

Ⅲ 実験器具・装置と操作法

Question
43 必ず実験器具を点検しよう
Answer

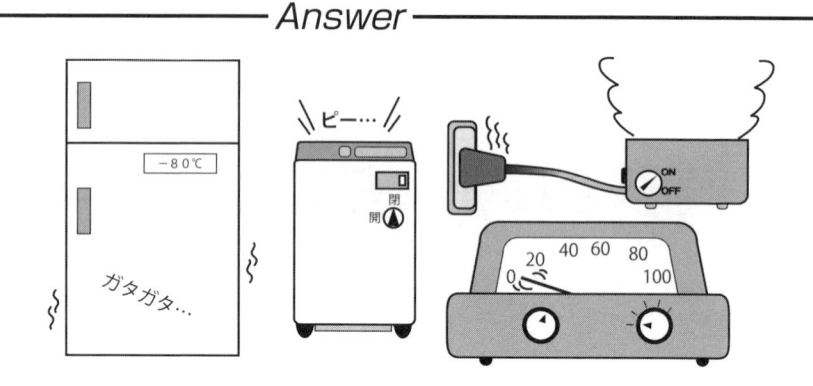

　実験器具の保守管理は安全の第一歩．しかし，使っている全ての機器の保守から整備まで自分で行うのは無理というもの．せめて点検を徹底して事故を防ぐことにつとめたい．

1．いつもと何か違わないか
　第一に，実験器具や装置の正常なときの音，温度，振動，振れなどを記憶しておこう．例えば，「正常な運転では，このくらいの回転数で，この程度の振動が出る」「測定後ごとにこの程度の振れがある」などを覚えておく．そして，いつもと何か違っていたら，何かがおかしいと気づくことである．研究室内でも，いつも右にあったものが左に移ったら，何かが起きた証拠である．

① 音と振動：遠心機や冷凍機など回転部分がある装置，開閉機をもつ電気機器などは，音と固有の振動がある．それらのリズムが乱れていたり，ガラガラした感じがあれば点検する．

② 温　度：何らかの原因でモーターなどに過負荷がかかると異常な発熱をすることがある．また，突然のトラブルではなく慢性的な問題として，電源ケーブルが暖かい場合には容量不足が生じている．

④ 安定度：分光光度計のベースラインが不安定だったり，顕微鏡の視野にふらつきがある場合，ランプの寿命である可能性が高い．

⑤ 傷など：気密容器のガスケットを横断する傷，ガラスやプラスチック製器具の小さなクラックなどは目視で点検する．

2. 点検しやすくする方法

　例えば，ホットスターラーなど火災の原因になりうる機器の電源プラグにオレンジ色のテープを巻いておくと，帰宅前の点検が容易になる．点検のとき，電車やバスの運転手が行っている指差し確認は有効である．声をださなくとも，軽く人差し指を立てて確認を行う．

3. 始業点検と終業点検

　前の使用者が正しい終了操作を行っていない場合や，次の使用者が点検しないで使用することもある．機器を使い終わったら，すぐに使用しても安全なようにしておき，使う前には一通りの点検をしてから使う．

　実験器具に限らず，機器を使う鉄則として「使う前よりよい状態にして終える」がある．使用前についていた汚れは清掃して終える，寿命をむかえた消耗部品は交換しておくなどを習慣にする．

4. 使用記録簿（log book）の役割

　機器がどのような条件で運転されているかを知り，消耗部品の交換時期などを管理するために使用記録簿は重要である．さらに使用記録簿はトラブルシューティングの重要な手がかりとなるため，気づいたことも含め記録を残す．機器の使用者は，管理に参加するつもりで記録することで自分が優良な使用者であることをアピールすることもできる．

事故例

- ●超遠心機がアンバランスで停止した．スイングローターのバケットの1つだけに，ガスケットを2枚入れたのが原因．さらにさかのぼると，直前の使用者が運転終了後に点検や清掃をせず，運転していた者も点検せずにガスケットを入れて，バケットの蓋を閉めたことが明らかになった．
- ●オートクレーブの設定温度が130℃近くまでずれていて，寒天培地が固まらなくなった．設定を本来の121℃に戻すと，きちんと固まるようになった．単なる設定ミスなのだが，同じ設定で毎日のように使う機器のダイヤルやメーターは，誰も気にしていないことがある．ルーチンワークでも設定や運転中の状況は必ずチェックしなければならない．

Question 44 実験台で守るべきマナーは

Answer

　仕事の場所ではあるが，実験台には道具や溶液が雑然と置かれ，伝統工芸の職人の机の上のようにピシッと張り詰めた感じがしないのも事実．それでも，実験の上手な人の実験台は美しく保たれている．合理的な整理整頓は，安全の基本である．

1. 清　掃

　実験台はきれいでなければいけない．少なくとも眼で見える汚れがついていないように掃除する．

① 実験台の清掃には，繰り返し使う雑巾ではなくペーパータオルを用いる．エコに反するように思えるかもしれないが，それでよい．試薬や微生物，ガラスの破片が落ちているかもしれない実験台の上を拭いた雑巾を洗うのは危険である．逆に，微生物が繁殖しているかもしれない雑巾で実験台の上を拭くのは，なお気持ちが悪い．

② 危険な薬品などを拭きとるときは，汚染の周囲から中心に向かって「内側」に拭いていく．こうすれば，汚染を周辺に広げることがない．逆に，普通に机を拭くように汚染の中心から外に向かって拭くと，実験台前面に希釈された汚染物質を広げてしまう．

③ 70％エタノールを吹きかけてから実験をする人がいる．気合いを入れる儀式なのかもしれないが，溶液を吹きかけても汚れは消えない．まずはキレイに拭き掃除をする．

2. 実験台上の溶液類

緩衝液や溶媒は，本当に必要なものだけを置く．実験室に頑丈な薬品保管庫が備えられているのに，調合された溶液類のボトルで無法地帯になっている実験台が多い．少なくとも使っていない試薬や溶液は，安全な場所に保管する．

3. ベンチコート

危険な試薬や溶液を扱う場合には飛沫によって実験台が汚染されないように配慮する．泸紙の片面だけをフィルムで防水処理したベンチコート（ポリエチレン泸紙）は，実験台上の汚染を防ぐための製品で，泸紙面を上にして実験台に敷くと，ピペットなどから溶液をたらしてしまったときなどに飛散を防ぐことができる．さらに確実な方法としては，バットにラップを敷き，さらに泸紙やキッチンペーパーを敷いて操作を行えば，万一溶液をこぼしてもバットの外には漏れ出さない．

4. 足元の整頓

実験台の足元は，廃液の一時貯蔵用ボトルや，液体窒素のデュワー瓶などが並びやすい．足元に物がたくさんあるのは安全とはいえない．

危険な例

- 自分の実験台にほこりが落ちているように思い，何気なく手でぬぐったら痛かった．血が出ている．そういえば，昨日はガラス細工をしたのだった．実験台の上を素手でぬぐうなど，絶対にしてはいけない．

- 一人で占有できるスペースが間口90 cmに満たない超過密研究室があった．そのスペースで実験から論文書きまでしなければならない．積み上げた本や論文のコピーの山の頂上で電気泳動が進行中．その山の横にA4判サイズ1枚のスペースをつくって履歴書を書いていた大学院生．ときどき，本の山が揺れている．これは危ない．まずは整頓しよう．

- 実験室の床にアグラをかいて実験をしているO君．「どうしたの？」「見りゃわかるでしょ，実験台の上，試験管の山なんすよ」．確かに彼がハードワーカーなのはわかる．でも，古い培養物が入った試験管を，洗おうよ．

Question 45 流しはこんな風に使おう

Answer

流しは器具を洗う場所．つまり，実験が始まり終了する場所として重要である．

1. 流しをきれいに保つ

流しをきれいに保たなければ，器具をきれいに洗えないだろうし，きれいに洗えていない器具では精度の高い実験もできないだろう．それなのに，流しが汚れている実験室が多い．何を洗ったかわからない，何がこびりついているかわからない流しを，わざわざ磨いたりしたくない気持ちはわかる．だが，そもそも，何が付着しているかわからないという前提が，根本的に間違っている．実験廃液や，バイオハザードの取扱いを規則通りにしていれば，流しに危険な試薬やバイオハザードが流されているわけがないではないか．

2. 水道栓の扱い

指先や手のひら側には，試薬などが付着している可能性がある．行儀は悪いが実験室では，レバー式の混合水栓など，手の甲や肘でも操作できる水道栓は，指や手のひらで触れずに開閉する．

3. 流しの常備品

器具の外側を洗うスポンジの類，大小の試験管ブラシ，洗剤，一時的な漬け置きに使う深めのバットやポリカップ，純水の入った洗瓶，そして手を洗うための石鹸が常備品．問題は，これらが清潔に保たれているかどうか．洗剤の入った容器の裏側，スポンジを置いている場所，バットや洗瓶の裏などを点検してみよう．ヌルヌルしていませんか．

実験流しに，三角コーナーなど「ゴミ」を入れるカゴを置くのは，衛生上好ましくないが，ゲルの破片を回収するといった場合には便利なときもある．三角コーナーなどは使用後直ちに内容物を廃棄し，カゴも干しておくようにしたい．そうでないと，微生物による汚染源になる．

4. 実験台サイドの流し

化学水栓付きのサイド流しは，蒸留装置の冷却水用のホースや，アスピレーターを取り付ける以外の用途には，使い勝手はよくない．あまり使われず，汚いまま放置されていることも多い．発想を逆転させてみよう．皆が使いたがらないから，特別に注意して洗いたいもののための専用の流しにすることもできる．真っ白な磁器の場合は，汚れが目立つだけに流し自体を清潔に保つのにも効果的だ．

事故例

- 水道水で洗った三角フラスコを洗って流しの縁に並べ，最後にまとめて蒸留水をかけて仕上げた．乾そうとしたら明らかに洗剤が残っている．流しの縁に洗剤がついていたのが原因．面倒でも，一つずつ，仕上げるようにしよう．
- 流しの排水口を掃除していたら，ガラスの破片で手を怪我した．実験室の流しにガラスの破片はつきもの．特にカバーガラスなどは発見しにくい．掃除のときには気をつけよう．
- 長い水道管が立ち上がった化学水栓の蛇口を閉めようとしたH君，力が少し強かった．水道を止めるはずが，水道管を折ってしまった．噴水のように溢れる水を指で押さえたものの…．どこかで聞いた話のような．実験室の古い流し，水道管は相当に疲労していると思ってつき合う．

Question 46 実験器具の洗浄で気をつけることは

Answer

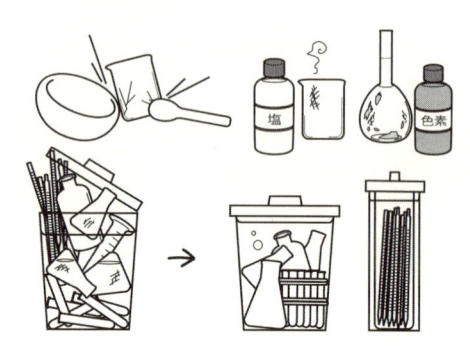

　実験は，廃棄物を適正に処理し，使用した機器の点検とメンテナンスをすませ，器具を洗浄して終了する．実験のスケジュールに最終工程である洗浄時間をいれておかないと，この操作を疲れた状態であわてて行うことになり，事故につながりかねない．

1．実験前に

　あらかじめ，器具や機器ごとの洗浄方法を確認しておく．すなわち，洗浄のタイミングと方法，洗剤は中性洗剤かアルカリ性洗剤か，溶媒で洗うか，それは漬け置きなのか否かなどを把握しておく．必要に応じて一時的に洗いものをためておくバット類の必要性も確認する．

　生物実験では多くの実験で水か親水性の溶媒が用いられる．そのため，洗剤と水で器具を洗うのが一般的だが，疎水性の溶媒を用いる実験では，溶媒で洗浄することもあるので，事前の調べは大切である．

2．いつ洗浄するか

　原則は，使った器具をすぐに洗うことである．洗剤に漬け置く場合も，予備的な洗浄を行う．

　大学の研究室で，初心者は実験後に山のような洗いものを残す．実験が上手になると，空き時間に洗いものをすることができ，実験後の洗いものがほとんどなくなる．さらに熟練すると，実験後にある程度の洗い物が残るようになる．実験終了まで残しておくべき残渣とか，使ったビーカーを廃液を溜めるために使うと

かなどの配慮をするためである．

3．洗うときの注意

① 手袋の着用：器具には薬品などが付着している．逆に手の汗や油に含まれる酵素などが器具の表面に残るのも問題となるので，洗浄には手袋を着用する．ガラス製器具による怪我を減らすこともできる．

② 分別洗浄：ビーカーなど薄い器具と乳鉢などの肉厚で重い器具を混在させて洗うと，接触によって壊れるものが出てくる．メスフラスコやメスシリンダーなどブラシをかけてはいけない測容器も同様である．

③ 汚れたまま乾かさない：乾くと汚れが取れにくいので，使ったガラス製器具をすぐ洗えないときには水を張ったバットに一時保管する．

④ きれいなブラシを使う：ブラシを用いるときには，ブラシ自体が汚れていないことが前提である．ときどきはブラシも点検したい．

4．水で落ちにくい汚れ

色素などによる汚れは水系の洗剤では落ちにくいことも多い．このようなとき，少量のエタノールあるいはメタノールでリンスするのは有効な手段である．

5．純水によるリンス

洗剤で洗い，水道水でよくゆすいだ後に，純水でリンスして仕上げるのが普通の洗い方である．このとき，純水を大量にかける必要はない．表面の水道水が純水に置き換わればよい．

失敗と事故例

● F さんは，大きなポリバケツに試験管を貯めに貯めてしまった．洗う決心をして手を入れると，ゴキブリの死骸をつまんだ．後の試験管はそのままゴミ置き場へ運ばれた．洗いものは貯めてはいけない．

● B さんは洗いものバケツをかき混ぜて，手にあたるものから洗っていた．その日もいつもと同じようにかき混ぜると，パスツールピペットが指に刺さって釣り上った．しかも釣り上げた瞬間，指の中にガラス片を残して折れた．壊れるもの，危険なものは別個に洗おう．

Question
47 純水の使い方は

Answer

溶液をつくったり，器具を洗ったりと純水は実験室に欠かせない．現在では本当の蒸留水を使っている研究室は意外と少ないはずだが，通常の純粋を蒸留水，さらに精製した水を超純水と呼ぶことが多い．

1. 純水のつくり方
水の精製にはいくつかの方法があり，それぞれに留意点がある．
① 沪　過：前処理として原水中の 1 µm 程度までのゴミをとる．
② 活性炭フィルター：微生物が繁殖しやすいので，まめに交換する．
③ 逆浸透：半透膜を用い 0.001 µm ほどの不純物を除去する．通常の洗い物の仕上げには十分な水質．
④ イオン交換：イオン交換樹脂を用いる．樹脂を再生しながら使う電気脱塩装置（electronic deionization）が主流．有機物を 185 nm の紫外線で酸化分解し，イオンとして除去する方法もある．
⑤ 蒸　留：得られる水の純度は高いが，電力や冷却水のコストは高い．
⑥ 超純水作製装置：商品名 MiliQ が一般名詞化している．理論値に近い比抵抗値を示す超純水が得られるが，有機物の混入が起こりうる．

2. 水にかかるコスト
試薬として購入すると純水は 1 L 当たり 2,000 円ほどする．また，一般的な蒸留装置では 1,500 Wh で 2 L 程度の蒸留水しか得られない．洗いものの仕上げに「湯水のように」純水を使うべきではない．実験の用途に応じて，純水製造法の使

い分けも必要である．

3．水の保存

　水道水と逆浸透水をバケツに入れておくと，先に逆浸透水に微生物が増殖する．空気中から入り込んだ有機物や微生物が徐々にたまって，最終的に増殖するのだろうが，殺菌のために塩素が入っている日本の水道水より，中途半端な純水の方が微生物が増殖しやすい．いずれにしても，水は生ものとして扱わなければならない．特に有機物が溶出する可能性のあるポリ瓶で長く保存してはならない．可能であれば，純水の保管はガラス瓶で行いたい．

4．洗　瓶

　洗瓶は構造的には水フィルターに空気を通す装置とみなすことができる．実際，洗瓶内の水は汚れやすい．そのため洗瓶には水を継ぎ足さず，できるだけ使いきって，底に残った水は捨てる．もったいなければ，オートクレーブの水に足すなど有効に利用する方法を決めておく．

失敗例

- PCRで予期せぬバンドが出た．これは面白いと仕事を進めたら，なんだか変な結論になった．トラブルシューティングの結果，バンドは，純水製造装置のタンク内で増殖した微生物のDNAに由来することが明らかになった．純水のタンクは微生物が増殖しやすいので，定期的に清掃しなければならない．

Question
48 ガラス製器具の安全な取扱いは
Answer

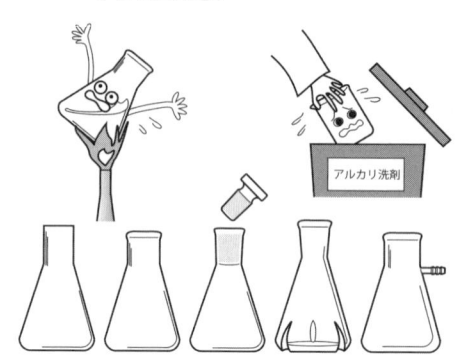

ガラスは曲げや圧縮には弱く，熱伝導度の低さから歪むことで壊れる．しかし引張り強度は強く，圧力や高熱に耐えるものもあるなど，先入観とは異なる面ももっている．

1. 製品の選択
　同じように見える三角フラスコでもガラスの材質，口径や首の長さ，口（リップ）の形状の違いがあり，強度も異なる．規格の異なる製品を混ぜて使うと能率が悪い上，ぶつけたときには破損の可能性が高くなる．

2. 取扱前の注意点
　① 使用前に，キズやヒビなどがないか目視で点検する．
　② 高温や低温で使用する場合には，徐々に目的の温度に導くようにする．特に肉厚のガラス製器具に急な温度変化を与えてはならない．
　③ 滑らかな形ではなく，部分によって肉厚が異なる三角フラスコのような器具は加熱用には適さない．物理強度を優先させた器具と，加熱用器具，圧力負荷用の器具を区別して使用する．

3. すり合わせのあるガラス製器具
　① すり合わせの番号を確認しペアを間違えないようにする．共通すり合わせの場合にも，同一規格であることを確認する．
　② アルカリ性の溶液はガラスを侵し，すり合わせを固着させることがある．
　③ 保管時は，すり合わせ部分に薬包紙を挟むなどして固着を防ぐ．

4. 洗浄・乾燥と保管

① ガラスはアルカリで劣化が進みやすいので,長時間アルカリ性洗剤に漬け置き洗いしてはならない.
② 洗浄・乾燥や保管中に他の器具と接触することで破損することもある.ビーカー類やガラス管など物理的強度に弱い製品を積み重ねることは厳禁.特に,注ぎ口部分は弱いので,保管中にも互いにぶつかることのないようにする.
③ 倒れやすいメスシリンダーなどは,倒して保管する方法もある.

5. 光学ガラスの取扱い

　顕微鏡など光学機器のレンズなどの光学ガラスは傷つきやすく,かつ高度なコーティングが施されている.これらの清掃は,十分な知識と経験をもつ者が,メーカーの指定する方法に従って行う.分光光度計のキュベットも光学系の一部であり,レンズと同様に丁寧に扱う.

事故例

- ビューレットが汚れたので,アルカリ性洗剤に漬けておいたら,活栓が固着して動かなくなってしまった. すり合わせ部分は特にデリケートなので,アルカリ性洗剤での漬け置き洗いは厳禁である.
- メスシリンダー内でアガロースを溶かそうとして,ホットスターラー上で加熱したところ底部を一周するヒビが入り破損した.メスシリンダー内で何かを溶かすのもいけないし,加熱するのは非常識である.

Question 49 プラスチック製器具の取扱いは

Answer

メカニカルピペットのチップや，マイクロチューブ，使い捨て遠心管などプラスチック製器具は実験に欠かせない．形は似ていても，材質はポリエチレン，ポリプロピレン，ポリカーボネート，ポリスチレンなどさまざまで，それぞれに長所短所がある．安全で確実な実験には材質を使い分ける必要がある．

1．製品選択時の注意点

① 必要な耐熱性，耐溶媒性，耐アルカリ性，物理的強度などは，製品カタログで確認する．

② メカニカルピペットのチップや，マイクロチューブには機器メーカーの純正品と，サードパーティーによる類似品とが存在する．類似品は安価だが，機器本体とのマッチングが微妙に悪いこともある．一方で，類似品にも材質や形状，例えばマイクロピペットのチップ先端の加工精度で，極めて優れたものも存在する．サンプルを使い比べて，自分の目的にあった製品を選ぶようにする．

③ 15 mL や 50 mL のキャップ付き遠心チューブや，プラスチック製のシャーレの強度や精度は，メーカーごとに違う．同じような実験をしている研究者や営業担当者などから，情報収集をしよう．

2．使用前の注意

① 細かいヒビが入ったプラスチック製品は，強度が著しく低下している．遠心チューブなどは使用前に光にかざして観察し，ヒビがないことを確認する．

② 有機溶媒やアルカリ溶液を用いるときは，必ず耐性を確認する．

3. 使用中の注意点
① 一般にガラスよりは割れにくいが，乱暴に扱ってはならない．
② 材質と条件によっては，微量の化学物質の溶出が起こりうる．

4. プラスチック製品の洗浄と使い捨て用製品の再利用
① ポリカーボネートやポリメチルペンテンを，アルカリ性洗剤に漬け置くと劣化が進む．
② 使い捨て用製品を，繰り返して高速遠心やオートクレーブにかけると劣化が進む．使い捨てが前提であることを忘れてはならない．

5. ラップ用プラスチック製フィルムの取扱い
　パラフィルムとサランラップ類は，フラスコなどを封じるために使われる．パラフィルムは伸展性があり便利だが，有機溶媒などに対する耐性は低い．エタノールなどには，サランラップがよい．

6. 材質の見分け方
　メカニカルピペットのチップや試験管に使われるポリプロピレンは半透明で柔軟性がある．メスシリンダーやビーカーに使われるポリメチルペンテン（TPX）は，やや黄色がかっている．ポリカーボネートもやや黄色みがあるが透明度が高い．シャーレに代表されるポリスチレンは透明度が高く柔軟性は低い．アクリルも透明度が高い．白い手付きカップはポリエチレン製である．言葉では表現しにくいので，さまざまな樹脂製品を並べ，見た目や触れた感触，重さなどの感覚を覚えるとよい．

事故例
- ポリカーボネート製の遠心管が使用中に割れて，大切なサンプルを失った．後で調べると，遠心管には無数の細かいヒビが入っていた．
- ポリプロピレン製の遠心管をガラス製器具と一緒にオーブンで乾燥させたところ，焦げて煙と異臭が発生した．樹脂製品の乾燥は 80℃ 以下で行う．

Question
50 金属製器具の安全な取扱いは
Answer

ピンセットや薬匙，遠心機のローターなど，実験室にはステンレス鋼 SUS410 や SUS430，アルミニウム，超ジュラルミン，超々ジュラルミン，チタン，銅などの金属でつくられた製品が数多くある．一般に金属製品は物理的な強度は優れているが，酸やアルカリへの耐性はさまざまであり，性質を知って使うことが大切である．

1. 金属製品の耐熱性

金属の耐熱性は，酸などがついた状態では低下する．例えば，先端に培地などがついたままガスバーナーの炎で繰り返し赤熱される無菌操作用のピンセットは，意外なほど早くに腐食してしまう．オートクレーブの圧力罐内の水に緩衝液や培地などがこぼれた場合にも，腐食が進みやすい．金属製品はつねに清浄に保つ必要がある．

2. 金属製品の耐食性

多くの金属は酸で腐食されやすいが，アルミニウムなどはアルカリでも腐食される．酸やアルカリに長時間さらすことのないよう気をつける．

3. 熱伝導性ゆえの火傷

金属は熱伝導性がよい．過熱した場合には熱源から離れた部分でも熱くなっていることがある．火傷には十分に注意すること．

4. 金属製品を洗うには

腐食の可能性があるので，アルカリ性の洗剤や塩酸などでの漬け置き洗いは禁

物である．ステンレス製品などについたタンパク性の汚れなどで，どうしても漬け置き洗いが必要なときには，薄い中性洗剤を用いる．

5．チタン製品

　チタンは強度が強く，耐熱性や耐食性も高い．そのため，強度を落とさずにステンレス鋼などよりも肉薄にすることが可能で，結果的に繊細で軽い製品がつくれる．実験器具へのチタンの利用は，以前は超遠心機のローターなど極限的な状況で使用する製品に限られていたが，今では日常使うような一般的な形状のピンセットにもチタン製品が出回っている．軽いため長時間の作業でも疲れが格段に少ないこと，熱や薬品に強いことなど，価格を上回る価値がある．使いやすい器具を使用することは，安全の第一歩である．

6．ピンセットやハサミは清潔か

　ピンセットやハサミを使うごとに洗っている人は多くないように見うけられる．材料に直接触れる器具なので使ったら洗うよう心がけたい．

事故例

- オートクレーブの圧力罐内を掃除することなく，水が減ったら足して使っていた．2年もたたないうちに，罐の底部が腐食して修理不能になった．こぼした緩衝液や培地などは，急速に腐食を進めるので注意が必要．
- 超遠心機のスイングローターのバケットに汚れがついていたので，アルカリ性の洗剤で漬け置き洗いしたら，腐食させてしまった．
- 昔の話，ステンレス製の薬匙をきれいにしようとクロム硫酸に漬けたのを忘れていた．何カ月後かに，紙のようにぺらぺらになったのを発見．今はクロム硫酸も使わないが．

Question
51 実験室での「紙」アラカルト
Answer

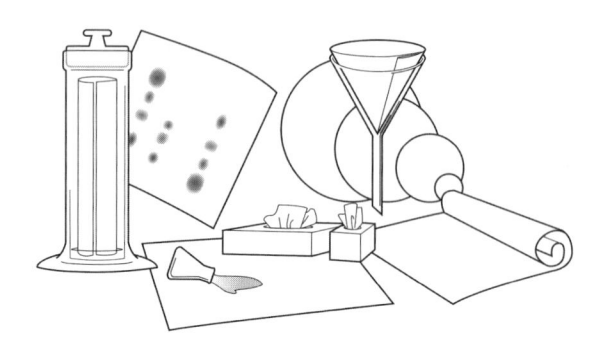

研究室には，濾紙やペーパータオルなどから，プリンター用紙，ポスター用までさまざまな紙製品が存在する．さらに濾紙にもプリンター用紙にも規格や用途がある．場面ごとには，以下のような留意点がある．

1. 濾紙
① 定性濾紙と定量濾紙：濾紙の箱には直径とともに，JIS 規格に基づく 1 から 6（Whatman 社製品では 1 から 50）の番号が記されている．番号は濾紙の厚さ，灰分含有量，粒子保持能力，濾過速度などを示している．1 と 2 は定性用で，1 が一般的なものである．3 以降は定量用の濾紙で 5B（40）が代表的なものである．

② クロマトグラフィー用濾紙：Whatman 社の 3MM に代表的され，各種のブロッティングでも用いられる．

③ ガラス濾紙：Whatman 社の GF/A などでガラス繊維でつくられている．

2. ティッシュペーパーとペーパータオル
① 一般のティッシュペーパー：雑用途で使われる家庭用の製品は，繊維が短くチリやケバが残りやすい，蛍光色素を含むことがある，溶媒で溶出する成分を含むことがあるなど，実験用には適していない．

② 実験室用のティッシュペーパー：キムワイプに代表される，繊維が長くケバやチリを残しにくい製品は，実験器具や精密機器を清掃するのに適している．紙の厚さや吸収力によってさまざまな製品があるが，いずれも一般的な

ティッシュペーパーの5倍以上の価格である．
③ レンズクリーニングティッシュ：レンズや光学ガラス専用．
④ ペーパータオル：家庭用のキッチンペーパー，紙ウエス，ポリプロピレン繊維の不織布などがあり，実験台の清掃から，器具のメンテナンス，溶液の吸取りなどに使われる．

3. ベンチコート

片面を厚くコーティングした沪紙で，ポリエチレン沪紙とも呼ばれている．紙の面を上にして実験台に敷くことで，少量の溶液をこぼしても，飛散するのを防ぐことができる．

4. コピー用紙，プリンター用紙

通常の印刷には，白色度70％ほどの再生紙で十分である．製本して学位論文をするときなどは，厚手の低速コピー紙（70 kgほど，コクヨ KB 用紙など）を使用する．さらに，市販のレーザープリンター/PPC 用のコート紙を使えば学会誌に近い仕上がりとすることも可能である．

5. ポスター発表のためのプリント用紙

高画質で印刷したいときには，専用の写真画質用紙を利用する．大判のインクジェットプリンターには専用のロール紙も用意されている．高画質のインクジェット印刷では，インクの消耗が著しいことには注意が必要である．

失敗例

● 紫外線照射用のトランスイルミネーターを，普通のティッシュペーパーで拭き掃除すると，細かいチリが夜空の星のように写真に撮り込んでしまった．ティッシュペーパーには蛍光色素を使っている製品もある．蛍光観察用の用具には蛍光色素を含まない製品を選ぶ必要がある．

● 沪紙をオートクレーブ滅菌して，9 cm の滅菌済みシャーレ内に敷いて使おうとした．クリーンベンチ中で，沪紙がシャーレからはみ出すことがわかったが，切るすべがなく実験を中断した．同じサイズで呼ばれていても，沪紙はシャーレより大きいことが多い．

Question 52 安全な加熱って

Answer

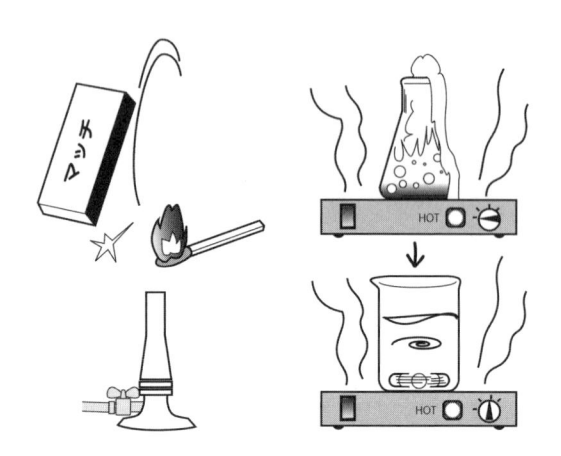

　バイオ実験では,直火を使った加熱操作は少なくなり,火傷や火災の原因は減っている．しかし,電気的に加熱する機器でも,注意を忘れれば重大な事故が起きるという認識をもつことが必要である．

1. 加熱法ごとの注意点

① ガスバーナー：ガラス製器具をバーナーの炎で局部的に熱すると,ヒビが入り破損につながる．ゆっくり全体を加熱する．
　　なお,現在,マッチが擦れないのは普通になり,最近では昔ながらの鑢(やすり)で火花を飛ばすライターも使えない学生が少なくない．ブンゼンバーナーにマッチで火をつける程度の練習はしておきたい．

② ホットプレート：プレートと容器の接触面で温度が高くなり,突沸しやすい．スターラー機能をもっている機種では,撹拌しながら加熱するとよい．また,ホットプレート表面が高温になっていることは外見だけではわからない．使用後には,十分に冷めるまで「HOT！」などの表示をすると事故が防げる．

③ 乾燥器や電気炉：高温のままで扉をあけると,外気が入った瞬間に内容物が発火する可能性がある．自分の髪の毛にも注意する．

④ 電子レンジ：フラスコなどにアルミフォイルで蓋をすると，電気的な火花が散り内容物によっては引火の原因となる可能性がある．
⑤ 湯　煎：局所的な加熱を避けることができる．水浴では水（湯）の蒸発に起因する温度異常には注意が必要である．

2. 容器の注意点
① 加熱に適した容器：加熱のための容器には，丸底フラスコや，ビーカーなど薄手のガラス製器具が適している．三角フラスコなど，ガラスの厚みが不均一な容器はガスバーナーやホットプレートなど局所的に加熱される可能性がある加熱法には適していない．また，試薬瓶のような厚手のガラス製容器は歪みやすく，破損する可能性が極めて高い．
② ヒビに注意：ガラス製容器のヒビや傷は，熱膨張による破損の原因になる．容器をよく点検し，ヒビや傷がないことを確認する．

3. タイマーの活用
加熱中なのを忘れると，火災など大きな事故につながる．これを防ぐための最善の手段はその場を離れないことであるが，これを守れない事情もある．制御容量が1,500 W程度のタイマーも入手できるので，電力による加熱であればタイマーで電源が切れるようにしておくとよい．

事故例

● ドデシル硫酸ナトリウム（SDS）を急いで溶かそうと，ホットスターラーで加熱していたら呼び出された．実験室に帰ってみると白い煙がモウモウ．SDSを焦がすと白煙が上がるのを知った．
● フェノールを溶かそうと，元の試薬瓶のままアルミ鍋で湯煎にしてガスコンロにかけ，そのまま忘れてしまった．水が蒸発し，試薬瓶は割れてフェノールに引火した．

Question
53 冷却にこんな危険が

Answer

　冷やす操作は安全な気がするが，それは思い込み．器具の破損や，それによる怪我，液化ガスによる窒息も起こる．一方，検体を十分に冷却するのは意外に難しく，冷やしたつもりになっているだけのことも少なくない．

1. 氷での冷却

　ごく普通に使われる氷にも，使うときにはコツがある．
① クラッシュアイスやフレークアイスをつくる製氷機に供給される水は，一般的には水道水である．そのため，氷を試料中に混入させてはならない．
② クラッシュアイスには大きな空隙があるため，容器への熱伝導は思ったより悪い．急速に0℃程度まで冷却する必要がある場合には，氷上に容器を置くよりも，氷水につけた方がよい．
③ マイクロチューブやPCRチューブを製氷機の氷に立てても，整然と並べられない，斜めに立つなど操作性はよくない．大量のチューブを扱う場合には，冷却したヒートブロックなど，チューブが整然と立てられ，倒れる恐れのない器具を利用するとよい．

2. ガラス製器具と冷却

　ガラス製器具に同じ温度差を与えたとき，加熱よりも冷却で破損することが多い．これは，ガラス表面が収縮して微細な傷が広がるためと考えられている．特に厚手のガラス製器具や乳鉢は割れやすいので，ゆっくりと冷却する．パイレックスのような耐熱ガラスでも急激に冷却してはならない．

3. 液体窒素による冷却

　液体窒素には，人体に対して直接的には−196℃という低温による凍傷の危険と，気化した場合には周囲の酸素分圧が下がるため窒息の危険がある．さらに，容器が密閉された場合には爆発の危険も伴う．

① 液体窒素を取り扱う実験では，換気に注意すること．空調の行き届いている気密性の高い実験室では，意識して換気に努めなければならない．
② 少量の液体窒素を自家用車で運搬したり，エレベーターに持ち込んだりするケースが多くみられる．液体窒素の輸送には，現時点で法的な規制はないが，事故が起きた場合の被害を想定しないのは非常識といえる．エレベーターでは積み込む者と，積み下ろす者を配置して無人輸送するなど，安全の確保を第一に考えなければならない．

事故例

● 低温室に液体窒素を撒いて窒息した事故は有名だが，液体窒素を満タンにしたデュワー瓶を自分の車で運んでいる人は少なくない．工学部キャンパスまで液体窒素を取りに行ったJ君，飛び出してきた猫に急ブレーキを踏んだ．自分の所属する実験室の前でトランクを開けると，デュワー瓶が傾いていた．液体窒素は少し漏れたようだが，実害はなかった．
● 少量の液体窒素を，発泡スチロール製の箱に入れて使うと便利ではある．縁まで液体窒素を入れた大きな発泡スチロール箱を両手で抱えて階段を上っているSさん．もし，つまずいたらどうするの？

Question
54 インキュベーションで気をつけることは

Answer

　インキュベーションは鳥が卵を抱くという，単なる保温を超える意味をもつため日本語になりにくい言葉である．実験室でも，インキュベートしなさいといわれたら，ただ一定の温度に保つだけでなく，試料を気遣いながら必要に応じて振盪や撹拌を行わなければならない．

1. インキュベーションでの注意点

　試料の温度がどうなっているか，いつも気にかけるのが基本である．さらに，ヒーターを使う操作として火災や火傷に注意する必要がある．

① インキュベーションを始めるまで：インキュベーション前の温度管理は重要である．例えば，低温に保っておかないと無用な反応が進んだり，酵素が失活したりという失敗につながることも多い．ある温度から次の温度まで，どのくらいの時間をかけて移行させるかという温度の変化率が大切なこともある．

② 温度制御の精度：温度の誤差がどの程度なのかを，あらかじめ調べておく．測定しているセンサー位置での温度と，インキュベートされている試料の温度とが異なる場合もある．特に振盪器には，モーターからの熱が伝わってくる機種もあるので，予備実験でフラスコ内の温度を測定しておくなどの配慮が，実験を成功させるコツになる．

③ 空だきに注意：ウォーターバス式のインキュベーターの多くは，水位が低下すると電源が落ちるような安全装置をもっているが，これを過信してはいけ

ない．空だきは火災につながる．一晩かけてインキュベートする場合などは，水が蒸発しないよう水面に蓋や覆いをする．

2. インキュベーターの選択

① ウォーターバス：水という熱容量の大きな媒体を使うため，温度の変動が少なく外気温の影響を受けにくい．特に冷凍機をもつものでは，16℃ など他の方法では到達させにくい温度を安定に保つことができる．

② 孵卵器やオーブン：一般的には 30℃ より高い温度でのインキュベーションに適している．消費電力 1,500 W 以上のヒーターをもつ高温用の機種では，37℃ 程度での温度制御の精度は高くない．

③ 空調機付きのインキュベーター：低温側も制御でき，室温付近でのインキュベーションに適する．細胞培養などには必須の機器である．

④ 乾式バス：サーマルサイクラーなどアルミブロックに反応チューブをセットするもので，水にぬらすことなく自由な温度が得られる．

⑤ オートクレーブ：100℃ から 120℃ で水蒸気の影響を受けない反応を確実に行うことができる．

3. 容器の選択

内容物の蒸発，水槽内の水の侵入，培養物の場合には通気と雑菌のシャットアウト，短時間にある温度から次の温度に変化させる場合には熱伝導性などに配慮する．

失敗例

● 孵卵器の温度を 37℃ にセットした．プラスマイナス 2℃ 程度の精度でインキュベートしたかったので，温度の過上昇を防ぐ安全装置（リミッター）は 39℃ にセットした．翌日みてみると，孵卵器は止まっていて実験は失敗だった．リミッターは調節器ではなく最終安全装置であるため，温度精度が ±10℃ 程度しかないものもある．この例では 50℃ 程度にセットしなかったために不必要に電源を落としてしまっていた．

Question
55 いろいろな振盪がありますね

Answer

振盪方式の選択が実験の結果を左右する．培養の専門家でなければ，最適な方式のものを選んで使うことは難しいだろうが，知識はもっていてよいかもしれない．

1. 振盪器の種類と特徴
振盪の方法には以下のような種類がある．
① 往復（レシプローカル）振盪：直線的な往復振盪を行う一般的なもの．試験管やトレイ，坂口フラスコのような振盪用のフラスコに適する．キャップ付きの樹脂製遠心管での撹拌では，液量を試験管の容量の1/5以下にし，振盪方向に傾けて行うとよい．
② 旋回（ロータリー）振盪：振盪台が半径1.5 cmから5 cm程度の円運動を行うもの．三角フラスコでの振盪に適している．液量は容器の容量の1/3以下で行うとよい．
③ 8の字振盪：振盪台が8の字を描くように運動するもので，縦横の波が発生する．トレイなど四角い容器での振盪を効率的に行える．
④ シーソー振盪：振盪台がシーソーのように左右に傾く運動をする．トレイでのゲルの染色などに適する．
⑤ 波動形（ウエーブ）揺動：振盪台が旋回しながら前後左右にも傾く三次元運動をする．穏やかに振盪できる．

⑥ ローテーター：回転する円盤に試験管や三角フラスコを固定して振盪する．回転面に対して試験管を鉛直に固定すれば穏やかな振盪になり，セットの仕方により溶液を天地させることもできる．
⑦ ローラーボトル：円筒形のボトルを転がすようにして浸透する．細胞培養に適している．

2. 振盪の強さや効率

① 激しく振盪すればよいというわけではない．ゲルなら傷がつくし，細胞の場合には生育に影響する．経験的に判断するしかない問題なので，先輩の意見を参考にして，振盪の方式やスピードを探る．
② 振盪の強さはスピードだけでなく振幅や回転半径でも変わってくる．振盪器によっては振幅や回転半径を調節できるものがあるので，取扱説明書を読んでみよう．
③ 一般的には，試験管やフラスコの容量の1/3から1/10の溶液のときに効率のよい振盪を行うことができる．その上で，試験管を往復振盪器にかける場合，振盪方向と平行にして，30度ほどに傾けるとよい．また，振盪用のフラスコというものも存在する．一般的な三角フラスコで結果が今一つのとき，振盪用のフラスコを試すのも一つの方法である．

3. 確実で安全な実験のために

スイッチを入れ起動させた最初のストロークで，溶液がフラスコ内の口に達することがある．無菌培養のときや，危険な溶液を振盪するときにはスピードを落としてスタートさせるか，いっそ止めないで容器を抜き差しする．

失敗例

● 振盪器の置き場所には配慮が必要である．小型のものでも，振盪台と隣接する壁面などに指を挟まないよう十分な隙間をとって設置する．大型の往復振盪器を複数並べるときには，並んで動く振盪台に挟まれる危険もある．実際，狭い培養室に振盪器を増設したため，メタボ気味の恩師が大型振盪器の間を通れなくなってしまったことがある．
● 小型の旋回振盪器が嫌な音を出していたのは知っていた．数日後，培養物に異変が．壊れたベアリングの部分から生じた熱は火事になるほどではなかったが，培養物を茹でてしまっていた．

Question 56 撹拌と溶解操作で気をつけることは

Answer

よく混ぜることは実験の基本である．満足な結果が得られなかった原因がわからないとき，もしかしたら混ぜ方が足りなかったのかもしれない．試しに水にグリセリンを混ぜて粘性を高め，そこに色素を入れて撹拌すれば，色が均一になるのに意外に時間がかかることが体感できる．

1. 混ぜる道具

① ガラス棒：撹拌の基本であり，意外とよく混ざる．昔はガラス管を閉じて中空のガラス棒をつくった．軽いので落としてもビーカーの底をぬくことがない．

② マグネティックスターラー：テフロン皮膜をつけた磁石を撹拌子として回転させる．最も一般的な混ぜ方．スピードを上げすぎると撹拌子が暴れたり，しぶきが上がったりしてしまう．

③ 試験管ミキサー：Voltex という商品名の方が通りがよい．使用に際しては，試験管内をもっている手の位置が支点となるので，もっている高さより水面が上がらないのを知っている人は少ない．

④ 振盪器やローテーター：往復，シーソー，回転などの振盪で撹拌する．インキュベーションを伴う撹拌に使う．

⑤ シールフィルムとグローブ：商品名の Parafim で知られているフィルムで封じたフラスコなどの口をグローブをした手のひらで押さえながら天地させて混ぜる．粘度の高い溶液などを混ぜるのには有効だが，危険だ．基本的

には避けるべきだが糖を溶かすときなどには使える．

2. 粘度の高い溶液の扱い

グリセリンや高濃度の界面活性剤を含む粘度の高い溶液は容易には混ざらない．混ぜるときに空気を抱き込ませると飴のようになって手に負えなくなるものもある．密封できる容器に入れて天地させながら混ぜるか，一晩かけて気長に溶かす．

3. 不溶性の沈殿をつくらないために

例えばリン酸とカルシウム，硫酸イオンを含む溶液をつくるとき，それぞれの粉を順に溶かそうとすると，リン酸カルシウムや硫酸カルシウムの沈殿が生じる．こんなときには，それぞれの試薬を別々に溶かしておき，マグネティックスターラーの上で勢いよく撹拌しながら一気にあわせる方法がある．部分的に濃度が濃くなることがないので，沈殿は生じにくい．水に難溶性の化合物の場合にも，微量の溶媒に溶かしておいて，勢いよく撹拌しながら，思い切りよく一気に水と混ぜることで溶かせることが多い．

4. 加熱しながらの溶解

暖めながら溶かすには湯煎が安全である．ホットスターラーの上で直接容器を温める場合には，ビーカーなど薄く均一な厚さのガラス製容器を用いる．熱で簡単に変質する試薬も多いので，加熱する場合にはMerck Indexなどで試薬の性質をよく調べてからにすること．

失敗と事故例

- 界面活性剤のTween 20を希釈しようと，メスフラスコに量り入れ水を加えて撹拌し始めると，流動性がなくなって固い水飴のようになってしまった．界面活性剤を急いで希釈しようとすると，にっちもさっちもいかなくなることが多い．まずビーカーなどの容器で時間をかけて薄めてから，メスフラスコで正確に希釈することが大切である．
- エポキシ樹脂は冷たいと混ざらないので湯煎で暖めたら，混ざったものの，水分が混入したため硬化しなかった．そこでホットスターラーで暖めたら，今度は温度を上げすぎて発火してしまった．

Question 57 沪過操作で気をつけることは

Answer

　沪過は，液体試料中の固体と液体を，フィルターによって分離する操作である．分離に用いるフィルターには分離できる粒子の大きさや，用途によって，篩（ふるい），沪紙，ガラスフィルター，メンブレンフィルターなどがある．

1. 沪過の目的
　沪過した後で必要なのがフィルター上に残る固体なのか，沪過された液体なのかを意識して操作する．例えば，フィルター上に残すものが必要な場合には，大量の緩衝液で洗うように沪過することもありうる．

2. 漏斗と沪紙を用いた沪過
　沪紙との密着のよい漏斗を用い，以下のように行うのが基本である．沪紙を正しく半分に折り，次に最初の折り目が重ならないようわずかにずらして折る．化学実験では沪紙を湿らせて漏斗に密着させてから，洗浄液を注ぎ漏斗の足に液柱をつくる．そして最初の洗浄液を捨ててから，沪紙の三重になっている部分にガラス棒を立てて，まず試料の上澄み，次いで沈殿を含む液を注ぐ．

3. 減圧沪過
　生物実験では，ブッフナー漏斗と吸引瓶を用い，水流ポンプ（アスピレーター）を用いて吸引することも多い．用いる沪紙はブッフナー漏斗の内径よりわずかに小さいが，漏斗の孔を完全に覆うものでなければならない．ブッフナー漏斗と吸引瓶は洗浄しにくい器具なので，これらを使用する減圧沪過で沪液を利用する場合には器具が清浄であることを十分に確認してから実験を行う．

4. メンブレンフィルターによる濾過

試料液中に含まれる微粒子を除去するために，孔径 0.45 µm あるいは 0.22 µm のメンブレンフィルターでの濾過を行う場合には，フィルターユニットが試料液に含まれる溶媒に耐えることを確認しなければならない．

5. 篩による濾過

ステンレス製の標準篩で 20 µm 程度，ナイロンスクリーンを用いれば 10 µm 程度までの試料を分画することができる．胞子や細胞などを分画するときに利用できる．

失敗例

- ブッフナー漏斗と吸引瓶を用いて吸引濾過を行っていた．十分に濾過されたので，水流ポンプを止めたところ，吸引瓶内にポンプの水が逆流し，濾液を汚染してしまった．真空ポンプをいきなり止めると，陰圧になった吸引瓶やデシケーター内にポンプの水や油が逆流することがある．逆流を防ぐためには，ポンプを停止する前に，吸引瓶との間のコックを閉じてからホースを抜くか，容器を大気圧に戻しておかなければならない．

- アセトニトリルを溶媒とする試料から微粒子を取り除こうと思い，濾過滅菌用のメンブレンフィルターの使い捨てユニットを用いたところ，ユニットが白濁してきた．培地を濾過滅菌するためのフィルターユニットには有機溶媒に侵されるものがある．フィルターユニットは使用目的を確かめてから用いなければならない．

Question 58 濃縮や蒸発操作で気をつけることは

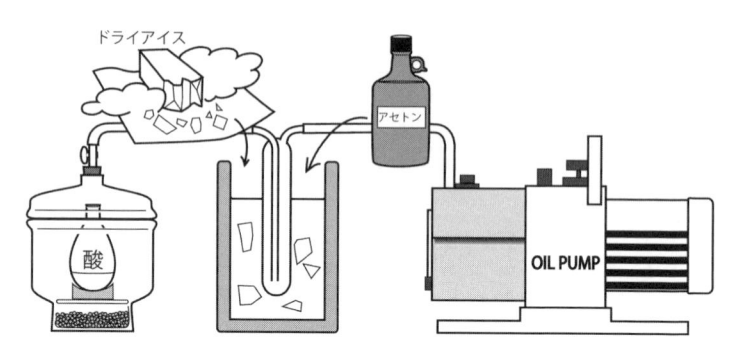

Answer

溶液を濃縮したり，ほぼ乾燥させるために溶媒を蒸発させる操作には，常温で行えるもの，加熱や減圧することによって効率を高めるものなどがある．蒸発させる溶媒の種類によっては，真空ポンプの破損，実験環境の悪化，大気汚染などを引き起こす原因となる．有機溶媒への引火とともに，環境汚染などにも十分に配慮することが大切である．

1．常圧での濃縮や蒸発

揮発性の高い溶媒や，結晶をゆっくりと成長させたい場合には，口の広い容器で放置しておくだけでよい．金魚用のポンプで緩やかに空気を吹き付けると効果的である．ほこりなどの混入を防ぎ，また火気の近くで引火性のある溶媒を揮発させないことなどに留意する．

エタノール沈殿後の DNA は，遠心管（マイクロチューブ）を逆さまにして放置して乾燥させるのが一般的であるが，上澄みのエタノールを除いた後で，もう一度軽く遠心すると，遠心管の壁面に残ったエタノールが回収でき，時間短縮が図れる．

2．加熱しながらの濃縮と蒸発

蒸発皿による濃縮や蒸留による濃縮を直火で行うと，容器の破損や気化した溶媒への引火の可能性があるので，湯煎で行うとよい．

3．真空ポンプで減圧して行う濃縮や蒸発

通常の真空ポンプは，常温で一般的な湿度の大気を吸引することを前提として

設計されている．酸や溶媒を含む試料では，真空ポンプを保護するためと，それらを大気中に飛散させないために，ポンプの手前にトラップを設置しなければならない．トラップとしては冷凍機，ドライアイス-メタノールなどによる低温チャンバーが一般的だが，酢酸や有機溶媒では液体窒素による超低温のトラップ，酸の場合には水酸化ナトリウムへの吸着トラップも利用される．

4. 真空ポンプのタイプごとの注意点

よく使われるポンプの性能低下や故障は，ちょっとした心配りで避けることができる．

① 水流アスピレーター（サッカー）：水道の蛇口からの水流を使いベルヌーイの法則によって減圧する簡単な装置だが，本体内に水が入ると性能が低下する．試料側とアスピレーターの間に空の容器を置く，アスピレーター下部のホースを化学流しの底の水面より高くすることで万一のときの逆流を防ぐなどの配慮をする．

② 循環アスピレーター：水槽内の水をポンプで循環させる水流アスピレーター．水流アスピレーターの真空到達度は水蒸気圧に依存するので，水槽内の水が温まると能力は低下する．水温に気をつけ，夏場は氷を入れるなど工夫する．

③ 油回転真空ポンプ：油を満たしたチャンバー，偏芯して回転するローター，弁やスプリングなどは鉄製なので，酸を吸引してはならない．水分も錆を生じさせる．これらを吸引するときは，超低温のトラップを使用する．また，真空ポンプは定期的にオイルを交換するなどのメンテナンスが欠かせない．

事故例

●油拡散ポンプをもつ凍結乾燥器を使い続けたところ，ポンプが起動しなくなった．冷凍機によって水蒸気を氷にするトラップに溜まった水を，使用後には毎回捨てるのを知らずに何年も使い続けたため，トラップ内の水位が上がり，ポンプに直接水が入ったことが原因だった．

Question 59 生物試料を乾燥させるには

Answer

水分を蒸発させる方法として，加熱する，減圧する，水を溶媒と置換するなどの方法がある．標本として保存するのか，生体成分を抽出するための処理なのか，観察するための処理なのかなど，目的によって方法を選択する．

1. 常温での乾燥

植物の標本作製の場合が代表例で，紙や場合によっては乾燥材を利用して乾燥させる．

2. 加熱による乾燥

材料の乾物重（dry weight）を測定するために行われることが多い．乾燥のための温度は80℃から140℃が一般的だが，具体的な温度や時間は，研究分野や試料の種類や量によって異なる．試料の質量は，水分を失うことで減少した後，酸化されることで増加に転じる．

3. 減圧による濃縮と乾燥

減圧することで沸点を下げ乾燥を早める．溶媒の蒸発に伴う気化熱によって，試料の温度が下がることで気化は遅くなる．そのため，試料が熱の影響を受けにくい場合には，穏やかに加温しながら減圧することで時間を短縮することができる．装置としてはロータリーエバポレーターが代表的なものであるが，少量の水溶液の場合に突沸を防ぎながら濃縮するために，遠心しながら減圧する遠心エバポレーターもよく用いられる．

4. 凍結乾燥

水分を多く含む試料は，減圧による濃縮や乾燥の過程で気化熱によって温度が下がることを利用して，真空ポンプを用いるだけで低温乾燥させることが可能である．熱に弱い試料を安定に乾燥させるために広く用いられている．油拡散式の真空ポンプを用いる場合には，ポンプ内の油への溶媒の混入を防ぐためのトラップが必要である．

5. 臨界点乾燥

走査電子顕微鏡観察のためには，試料の立体的な構造を残したまま乾燥させることが必要である．水を溶媒に置換した後，表面張力が働かない条件で乾燥させる．

事故例

●先輩の実験を手伝い，植物試料の乾物重を測定することになった．完璧なデータを出したくて，教えてもらった乾燥の条件より高い温度で，2倍の時間乾燥してから重量を測定した．ところが測定結果が，今までのデータより高めに出てしまい実験をやり直さなければならなくなった．過度の加熱は試料を酸化させ，質量が増加したためであった．

Question 60 沈殿や上澄みの回収と再懸濁のコツは

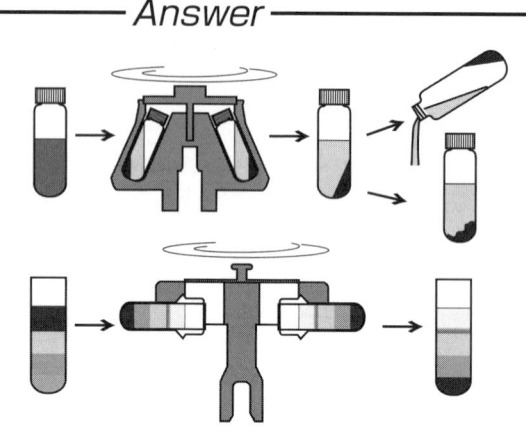

Answer

沈殿の回収と再懸濁は予想外に厄介な操作であるが，科学論文には「材料と方法」の項目にも詳しく説明されていない．これらの操作がプロトコル通りに実験が進まない落とし穴になることもある．

1. 沈殿や上澄みの回収方法

遠心では，ローターの停止直後には遠心管内に渦流ができていることがあり，2～3秒待つと沈殿が安定することがある．逆に，遠心後に長時間放置してしまうと沈殿が崩れやすくなる．遠心後は，一瞬待って速やかに沈殿を回収するのがよい．

① デカンテーション：遠心管を傾けて上澄みを流し出す方法．硬い沈殿では有効な方法だが，沈殿が崩れて流れ出してしまう危険もある．デカンテーションが可能か否かは，経験に基づいて判断する．

② ピペットによる上澄みの回収：一般的な方法だが，吸い上げスピードが速すぎたり，ピペットの先端を1カ所に固定して吸い続けると，上昇する山型の水流ができてピペットの先端より下の層を巻き上げるように吸うことがある．まず大容量のピペットで吸い上げ，沈殿や下層に近づいたらパスツールピペットに替えるなどの工夫をするとよい．

2. 沈殿の形状と扱い方

沈殿の性状は遠心条件によって異なるが，一般的に細かい粒子は遠心管を傾け

ても崩れにくい硬い沈殿を，細胞のような大きな粒子は崩れやすい沈殿を形成する．

① アングルローターの沈殿：粒子は遠心管の壁に沿って移動し，遠心管に対して斜めの沈殿が形成される．沈殿は斜めに遠心管底の上側に形成される．デカンテーションで上澄みを処理する場合などは，沈殿を上にしたまま試験管をもつとよい場合が多い．

② スイングローターの沈殿：遠心力は遠心管の鉛直下向きに働くので，沈殿は底部に水平に形成される．沈殿は柔らかいことが多い．一般的にはデカンテーションではなく，ピペットで上澄みを吸い上げる．

3. 遠心後の沈殿の性質と回収方法

① 壊れやすい試料の固い沈殿：硬い沈殿の再懸濁は大変なことが多い．強く振り混ぜると，構造のあるものや高分子を破壊する恐れもある．少量の緩衝液やメディウムを入れて遠心管の底を指ではじく，メカニカルピペットのチップでこするなどの方法がよくとられる．オルガネラのように壊れやすいものの懸濁には，ナイロン製の絵筆で軽く懸濁するとよい場合が多い．より完全な懸濁のためには，すり合わせの緩いテフロンホモジェナイザーで軽く混ぜるのが有効である．

② 崩れやすい沈殿：緩衝液やメディウムを注ぐと，さっと崩れる沈殿でも，完全に懸濁あるいは溶解されたかをよく確認すること．

4. 密度勾配遠心のバンドの回収

① バンドを上層からピペットで回収する，② J字に曲げたピペットを用いてバンドを下層から回収する，③ 遠心管の底に穴をあけて分画回収する，④ バンドの真横に注射針をさして回収するなどの方法がある．

失敗例

● コンピテントセルの調製中に，大腸菌の沈殿が溶けにくくなった．急ぐ操作なのでメカニカルピペットで勢いよく数回の吸引吐出を繰り返して懸濁したが，後になって，このコンピテントセルが使い物にならないことが発覚した．菌体が水流でダメージを受けたらしい．先端の細いピペットを通過するときの水流の影響を無視してはいけない．

Question

61 サンプルをリンスするときは

Answer

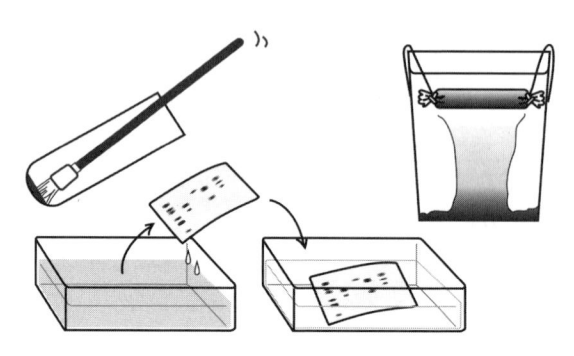

　ゲルの染色や，ウエスタンブロッティング，緩衝液を交換するときなど，新鮮な緩衝液でサンプルをリンスする操作は少なくない．手早く，確実にサンプルをリンスするためにはコツがある．

1. リンスの基本

① 回数が大切：例えば1Lの緩衝液を一度に使ってリンスするのと，250 mLずつ4回に分けてリンスするのとでは，後者の方がはるかに効果的である．これは，サンプルや容器から前の溶液を完全に取り去ることはできないためで，複数回リンスすることで，指数関数的に洗浄効果が高くなる．単純計算で，容器に5 mLの溶液が残存すると仮定すると，1Lの緩衝液を一度に入れた場合には，以前の成分の残存は200分の1であるが，4回に分けてリンスすれば5/250の4乗で約6万分の1である．

② 始めの1回はざっとでよい：元の溶液の成分は最初のリンスでほぼ取り去られる．サンプル内に入り込んだ成分が洗われるのは2回めのリンス以降と考えてよい．1回めのリンスは液をかえるだけでよく，長い時間をかける必要はない．

③ 容器も交換する：リンスの途中で，サンプルの容器を交換すると洗浄の効果が上がる．

2. サンプルごとの留意点

① ゲルやメンブレン：銀染色やウエスタンブロッティングなど検出感度が著

しく高い実験では，リンスを完璧に行うことが求められる．ゲルなどと容器の間に溶液が残存しやすいので注意すること，リンスの途中では必ず容器を新しいものに交換することが必要である．
② 高分子の DNA のエタノールによるリンス：溶液を出し入れするのではなく，ガラス棒に巻き付けた DNA を新しいエタノールの入ったチューブに移動させる方法もある．
③ マイクロチューブ内の沈殿：必ずしもリンスするごとに懸濁する必要はない．沈殿を崩さないように軽く溶液を注ぐだけで十分なことも多い．
④ 透析チューブを用いた溶液の交換：透析ではビーカーの緩衝液を撹拌しながら行うことが多い．しかし，脱塩などで比重の高い緩衝液から比重の低い緩衝液に置き換える場合には，緩衝液を動かさないようにしておくと元の重い溶液は静かに底に沈むため効果的に透析が行える．
⑤ スライドガラス：洗浄中にサンプルや切片がはがれ落ちる可能性がある．緩衝液や純水でスライドガラス全体を流し洗いする必要があるときには，スライドガラスの裏側を上にして保持し，裏側から洗浄するとよい．
⑥ 大腸菌やオルガネラ：固い沈殿をリンスする場合に，激しく撹拌したり，ピペッティングを繰り返すとサンプルにダメージを与えてしまう．ナイロン製の絵筆や柄の長い綿棒を使うとダメージを与えることなく素早く懸濁できる．

失敗例

● ウエスタンブロッティングでメンブレン中央が日の丸状に染まってしまった．急いでいたためにリンスの途中で容器をかえなかったため，メンブレンの裏側の洗浄が不十分だったのが原因らしい．メンブレンの裏側や，容器の表面に残っている溶液には注意が必要である．

Question
62 サンプルを運ぶときに気をつけることは

Answer

　安全，確実，迅速がモットー．宅配便の宣伝のようだが，モノを運ぶのだからつき詰めればこうなる．

1. 安　全
　サンプルには，毒劇物，危険物，バイオハザードなど危険なもの，そうではなくても臭いのあるものや，長い目で見れば生態系に影響を及ぼしかねない微生物もある．関連する法規を遵守することはもちろん，内容物が漏れ出さないような梱包が必要である．さらに，連絡先など必要最小限の情報を明記すべき場合が多い．

　サンプル側から考えれば，短距離で短時間の移動でも，壊れたり熱変性をしたりしないような注意が必要である．

　慣れが事故につながる場合は多い．液体窒素を満たした発泡スチロール製容器をもって階段を上り下りしたり，強い酸やアルカリなどの廃液を満たしたガロン瓶に栓もせず両手でぶら下げて歩くなどは厳禁．狭い密室になるエレベーターでの輸送にも注意が必要で，途中のエレベーター内は無人とすべき場合もある．

2. 確　実
　サンプルを確実によい状態で運ぶことも大切である．生きているのだったら生存を脅かしてはならない．活性のあるものなら，できる限り活性を保つ．低温に保つべきサンプルも多く，保冷剤を入れた発泡スチロール製容器で運搬するのが一般的．逆に，保冷ということが頭にあるために，保温しなければならない培養

細胞が，保冷されて届く初歩的なミスも起こる．遮光が重要なことも少なくない．太陽光線に当てるのは，紫外線照射と同じなのも忘れがちだ．

3．迅　速
　輸送に要する時間は短いに越したことはない．宅配便を利用する場合には，集荷されていから到着するまでの時間が最短になるタイミングを調べておく．

4．生物や細胞の運搬
　生物や細胞を分与するとき，必要と感じた場合には培地の保存液などを一緒に梱包するようにしている．「水が変わる」という表現があるが，最初に先方で調製した培地と添付した培地の両方で培養してもらい，結果が同じであることを確認してから実験に使ってもらうためだ．

事故例
- 少量の液体窒素の運搬には法的規制がないため，大学などでは自分で汲んでもち帰ることができる．小学生向けの科学教室を引き受けたT君は，20Lのタンクに液体窒素を満たし自分の車に積み込んであちこち移動していた．幸い，事故は起きなかったけれど，追突でもされたら，彼は窒息死していたかもしれない．
- 試料などを床に落とすというミスは以外に多い．ここ一番という実験で染色したゲルを床に落としたMさんのノートには「ゲルを落とさないこと」と書いてあった．Nさんは電子顕微鏡で観察するまでに仕上げた試料を外廊下の水溜りに落とした．前者はゲルをお好み焼きのコテで運び，後者は実験ノートをお盆のようにして上に乗せて歩いていた．実験室内や，すぐ近への移動であっても，試料は容器に入れて確実にもつという基本を忘れていた．

Question
63 微量遠心で気をつけることは

Answer

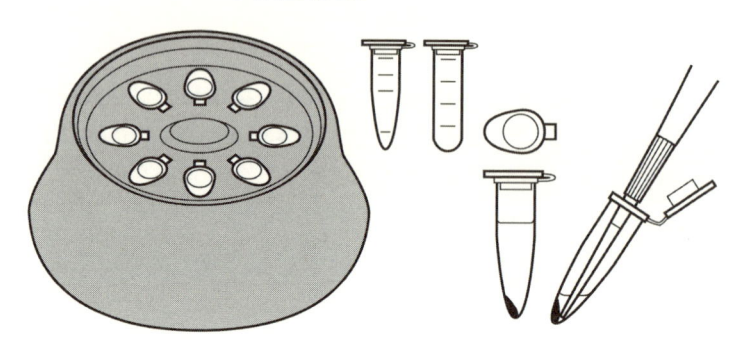

　微量遠心は，誰もがほとんど無意識に行っている操作である．こんな何でもなさそうな操作にも，実験を安全に成功させるためのポイントがある．

1. 遠心機の扱い

　微量遠心機でも本格的なものなら，最高速度で運転すれば10,000 g 近い遠心力が働いている．片手でもてるような超小型機ですら約2,000 g に達する．回転中のローターに触れでもしたらタダではすまない．

2. マイクロチューブ

　ポリプロピレン製のマイクロチューブは，先端がとがったスピッツ管で容量1.5 mLのものが一般的だが，寸胴で容量2.0 mLのものもある．

① 安全に操作できる液量は，1.5 mL以下．液量が多いと蓋を閉めたときに漏れたり，蓋を開けたときに溶液が飛び散ったりする．プロトコール通りに実験を進めると，何かの拍子に1.5 mLを超えることがある．そんなときには，チューブを2本にするか，正確ではなくてもよいものの液量を減らす．

② アングルローターにチューブをセットするときには，蓋のヒンジ側を外に向けるようにする．こうすると，沈殿はヒンジ側に集まる．特に沈殿が微量で目視し辛いことが予想されるときには，ここに集まるはず，という目標が定まる．

③ 蓋の内側は中の液体に触れている．この部分は，試料のためにも自分自身のためにも触れたくない．蓋にラップやフィルムをかけて開けるようにする

と，溶液や蓋の内側に触れないですむ．

3. マイクロチューブの洗浄と再利用

　使用済みのマイクロチューブは，廃棄する場合でも軽く洗浄して汚染を取り除くのが常識．再利用したときのリスクは自己責任である．

① 先端のとがったスピッツ管は，その先端部分に溶液が残りやすい．分子生物実験では，クロロホルムに気をつけたい．廃液溜めにザッと空けただけでは，先端に数十μLのクロロホルムが残る．あちこちの実験室の流しで，この状態のチューブが洗われると，下水には大量のクロロホルムが流れることになる．

② 高回転で利用したチューブにはクラックが入ることがある．そんなチューブは次の遠心で割れるかもしれない．

③ 一度使ったマイクロチューブの蓋は，密閉が悪くなっている．ロック付きのものでも，溶液が漏れることがある．再利用チューブには危険な溶液を入れてはならない．

4. 簡易ホモジェナイザー

　マイクロチューブ内で試料を軽くホモジェナイズできるパストゥルがある．チューブ内側の形状はメーカーごとに大きく異なるので，チューブとパストゥルは同じメーカーのものを組み合わせて使う．磨砕するというよりも，沈殿を懸濁するときに便利な道具．

事故例

● マイクロチューブの1本にラジオアイソトープの入った試料，もう1本にバランス用の水を入れて遠心を始めた．ピシッと嫌な音がした．遠心機を止めてみると，バランス側の新品のチューブが縦に裂けていた．アイソトープ側だったらと思うと背筋が寒くなった．ひょっとしたら元々クラックでもあったのか？それ以来，新品でも，目視で傷のチェックはしている．

Question 64 高速遠心で気をつけることは

Answer

　高速遠心に厳密な定義はないが，冷却機能をもつ遠心機を用い大気圧で 5,000 rpm から 25,000 rpm で行う操作をさすことが多い．

1. 高速遠心での遠心力
　直径 25 cm のローターでは遠心管の中央付近での遠心力は 10,000 rpm で 7,000 g となり，ローターの外周の速度は 470 km/h，20,000 rpm だと 30,000 g，950 km/h という極めて大きな重力と速度になっている．

2. 最高回転数
　高速遠心には，本体，ローター，そして遠心管が必要である．それぞれに許容最高回転数（あるいは遠心力）が設定されており，最も低いものがシステム全体の上限となる．
　① 本　体：駆動部と冷凍機をもつ．
　② ローター：遠心管をセットして回転させる部分．遠心力によってバケットが振り出されるスイングバケットローターと，遠心管が斜めに固定されているアングルローターがある．
　③ 遠心管：遠心力と薬品への耐性や用途にあったものを選択する．

3. ローターの選択
　遠心力は，外側に働く．スイングバケットローターでは，粒子はまっすぐ遠心管の底に向かい，アングルローターでは遠心管の壁にあたり，これにそって底に集まる．そのため，細胞やオルガネラなど比較的大きな粒子を遠心する場合や，

中間層に粒子を集めるときにはスイングバケットローターが適している．一方，アングルローターは高速で運転できること，沈殿と上層の溶液の分取が行いやすいことなどで優れている．

遠心機本体へのローターの取り付け方法は機種ごとに異なり，正しく行わないと回転軸を破損することがある．はじめのうちは，先輩などに正しくセットしてもらい，そのときの状態，特にローターの底からチャンバーまでの隙間の距離を指の感覚などで覚えるようにする．

4. 遠心管

最近は 50 mL や 15 mL のキャップ付き使い捨てコニカルチューブでの遠心操作が多い．低速遠心のためにつくられたこれらの製品にとっては，10,000 g といった高速での使用は想定外の使い方ともいえる．これらの製品を高速遠心で利用する場合には，繰り返しの使用はさける．

5. 温度の設定

高速遠心機では，チャンバーを冷却することで，ローターの温度を保つことができる．ただし，温度計はチャンバー内の気温を測定しているため，ローターの温度は設定（表示）温度より高くなることがある．気になる場合には，予備実験で遠心管内の溶液の温度を測定しておく．

6. 洗浄と保守

運転後は，必ずローターを点検する．特に，バケット内に溶液がこぼれている場合には中性洗剤で洗い，蒸留水で仕上げておく．

事故例

● 冷凍遠心機がゴトゴトと大きな音を立てながら揺れ始めた．試料の対角線側に入れるべきカウンターバランスを入れ忘れたのが原因．幸い大事には至らなかったが，日常では経験しない遠心力がかかっているのを実感した．なお，遠心中に異常が生じたときは，電源を落とすとブレーキがかからなくなり停止に時間がかかるので，タイマーをゼロに戻すか STOP スイッチを押して停止させる．

Question
65 分光光度計で気をつけることは

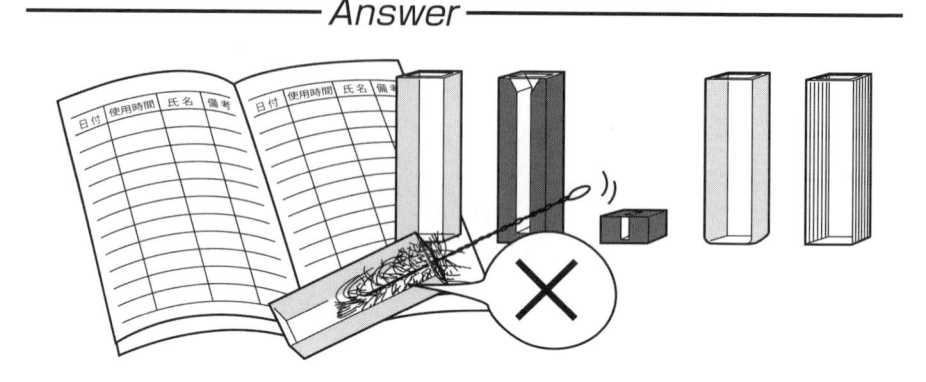

Answer

　溶液中の化合物の定量，純度の検定，酵素活性の測定などに，特定の波長における吸光度を測定する分光光度計は欠かせない．分光光度計を用いた測定には，原理，装置の特性，溶液の性質などを把握することが大切である．

1. 薄い溶液で測定

　吸光度と吸光層の厚さの比例を示すランベルトの法則と，溶液による光の吸収が溶質のモル濃度の関係を示すベールの法則から，溶液での光の透過率 T（％）から，吸光度 A は，$A = -\log_{10}(T/100)$ で与えられる．対数の逆数を用いるため，吸光度が 2.5 程度以上の測定値は信頼できない．

2. 分光器の構成要素ごとの留意点

　分光器は，使用記録簿（log book, Q43）に使用者や日時と同時に，使用時間を記録して使用する．

① 光　源：可視域と紫外域それぞれの光源ランプをもち，回折格子によって数 nm ごとに分光して出力する．ランプは，劣化すると測定値が不安定になるので，定期的に交換する．

② キュベット（セル）：可視域ではガラス製のものでよいが，紫外域では石英ガラス製のものを用いる．キュベットの透過面は光学研磨されているので，傷をつけてはならない．使用後のキュベットは，洗瓶のジェットでよく洗浄する．汚れが認められる場合にも，ブラシなどでこすって洗ってはならない．キュベットはよく乾燥させて保管するか，希塩酸やエタノールなど実験

目的に合致した溶液中に保管する．なお，汚染の可能性のある溶液の可視域での簡易測定には，プラスチック製の使い捨てキュベットも便利である．
③ 光源室と試料室：シリカゲルのカートリッジが装着されている機種では，シリカゲルを定期的に交換すると，測定値が安定する．

3. 測定時の注意

① コントロール（ブランク）：試料液と同じ緩衝液を用いる．緩衝液自体の吸光度の特性を測定しておくとよい．
② 試料の溶解：試料は完全に，かつ均一に溶けていなければならない．高分子のDNAの場合などでは，特に注意が必要である．
③ 複数の試料を測定する場合：低濃度の試料を測定した後，高濃度の試料を測定する場合にはキュベットを洗浄する必要がないことが多い．逆に高濃度の試料を測定してから低濃度のものを測定する場合には，キュベットを洗浄しないと実際の濃度より高い吸光度を記録（オーバーエスティメート）してしまうことがある．

失敗例

● 高分子DNAを高濃度で緩衝液に溶かした．これを段階的に希釈して測定したところ，吸光度が希釈倍率とそぐわない値を示した．高分子のDNAは均一に溶けにくく，溶液中に濃い部分と薄い部分が生じやすい．
● Tris緩衝液に溶かして保存してあった試料を，同じ緩衝液が手元になかったので水を対象として測定した．この値をもとに実験を進めたが，後になって試料が不足していたことがわかった．Trisにも紫外域には吸光があったために，濃度をオーバーエスティメートしてしまったのが原因．

Question
66 写真を撮るときは

Answer

写真は，必ずしも真実を反映しない．正方形が樽形や糸巻形に写ったり，色調が本物と異なったりする．真実に近い写真を撮影するためには，細心の注意が必要である．

1. 画像データの留意点
① 準　備：写真は絵コンテをつくってから撮影するのが望ましい．何をどう写すのか，組写真の場合にはどのような場面をどう組み合わせるのかなど，構図やピントの位置など仕上がりを具体化しておく．
② 説得力：画像データの信頼性を統計的に裏づけることはできない．そのため，議論するに足るデータであることは，それが多数の画像から選ばれたマスターピースであること，すなわち，鮮明に写っているだけでなく，補足的な情報も得られ，ゴミなどがないことで示す．
③ 画　質：パソコンのモニター上で，720 dpi 以上あれば十分である．
④ 絞りの効果：絞りを絞ると近くから遠くまでピントがあう硬い調子の画像が得られ，開放に近づけると柔らかい画像になる．

2. カメラとレンズの選択
① レンズの収差：実物の形を歪ませる収差は，近接撮影の場合で出やすい傾向がある．方眼紙を撮影すれば収差の有無などを確認できる．
　レンズ交換の可能な一眼レフカメラでは，近接（マクロ）撮影には専用のマクロレンズを使用するのが望ましい．

② 複数の写真を用いた組写真のパネルをつくる場合には，絞り値をセットできる機能のあるカメラを用いて，写真の雰囲気を統一する．

3. 撮影時の注意
① カメラの固定：三脚やスタンドを使用してカメラを固定する．
② 被写体とカメラの平行：被写体とカメラの平行を保って撮影する．並行でないと，「足なが」や「胴なが」に写る可能性が高い．
③ 生きた動植物の撮影：被写体が動植物の場合は，動いたり風で揺れたりする．被写体が止まる瞬間を待つ必要がある．

4. 画像の処理
① 画像ファイル：画像ファイルの形式として汎用性の高いものには，JPEG，TIFF，PDFなどがあり，グラフィックソフトに固有の形式であるIllustratorのAI，EPS，PhotoshopのPSD，Power PointのPPTなどもよく用いられる．製版が前提の場合には印刷所との相性は重要である．
② 画像の加工：明るさの調整，カラー画像のモノクロ化などは捏造とはとられないと考えられる．画像加工の留意点としては，オリジナルの画像は保管しておくことと，加工の途中でもステップごとにバックアップをとっておくことが大切である．
③ ネガやプリントのスキャン：電子顕微鏡での記録媒体や，あおり機能を使った大判カメラでの撮影で，銀塩フィルムを使用することも起る．現在ではこれらの写真をスキャナーで読み込むことが多い．ネガやスライドは透過光ヘッドつきのスキャナーで読み込むとよい．

失敗例

● 小型のデジタルカメラで広角側にズームして接写をしたNさん．正方形に近かった被写体がたる型に膨らんで写っていた．焦点距離の短いズームレンズでの近接撮影では収差が現れることがある．
● 画像を電子入稿したが，貼り付けた文字が文字化けしていた．よく使われているファイル形式でも，ソフトウエアのバージョンや，コンピュータによって画像に不具合がでるものがある．JPEGやIllustratorのEPS形式は汎用性が高く，比較的安定だという．

Question 67 光学顕微鏡観察で気をつけることは

Answer

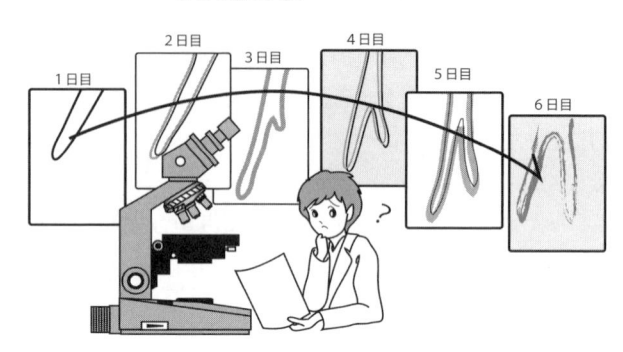

　対物レンズ先端をプレパラートに近づけてから接眼レンズを覗き，対物レンズを遠ざけながらピントをあわせるという学校で習う注意点は，対物レンズを汚さないためのもので，正しく観察するための注意点ではない．眼に負担をかけずに精度の高い観察を行うためには，観察者自身が必要な微調整を行うことが求められる．

1. 快適で安全な観察のためには
　双眼顕微鏡では，眼の負担を減らすために，接眼レンズの調節が大切である．この調節は自分でなければできないので，方法を知っておく必要がある．メガネなどで視力を矯正していても必ず行い，長時間の顕鏡では，休憩後などにもまめに調節する．
　① 眼幅の調節：二つの接眼レンズ間の距離を観察者の眼幅にあわせる．あまり凝視しないで数 m 以上先を見ていた状態から，そのまま接眼レンズを覗いて両目で観察できるよう調節する．
　② 視度調節：接眼レンズの台座にある調節環を使い，左右の眼の精密な視度調節を行う．まず，調節環のない接眼レンズ側だけで精密にピントあわせを行い，次いで調節環のある接眼レンズ側で，調節環だけで最初の側と同じピント位置に調節する．この調節が不十分だと眼の疲労の原因となる．

2. 精度の高い観察のための注意
　観察には，ピントだけでなく，近接する2点の分離である解像度を高くしたり，

視野全体を均一に明るく照明したり，余分な光はカットしてハレーションを防止することなどが必要である．これらは，ステージの下についているコンデンサー，視野絞り，光源で調整する．ステージから上，すなわちプレパラート，対物レンズ，接眼レンズでできることは，構図とピントの調整だけである．解像力や効果的な照明によって高い画質をつくるのが，プレパラートより下の光学系の役割である．

① ケーラー照明：簡便な方法としては，プレパラートにピントをあわせてから視野絞りを絞り，視野絞りの羽根の像にピントがあうようにコンデンサーの高さを調節する．一般的には，コンデンサーを上限から少し下げた程度の位置となる．

② 光軸の調整：ケーラー照明の調節時に，視野絞りで絞り込まれた光束と視野が同心円となるようコンデンサーの位置決めネジを調節する．光源ランプの調節は顕微鏡のマニュアルに従う．

③ コンデンサー絞り：接眼レンズを抜き去った状態で鏡筒を覗く．コンデンサー絞りを開放にした状態で見える明るい円（対物レンズの瞳）の直径を100としたとき，その直径が70〜80になるまで絞りを絞った状態で，顕微鏡の性能が最も引き出せる．

失敗例

- 共用の顕微鏡で，1週間にわたって連続観察をした．できた写真は，ピントの深さやコントラストが日ごとに違い，同じ視野を追い続けたとは思えなかった．絞りやコンデンサー位置など，顕微鏡のセッティングに気をつけていなかったのが敗因だった．
- 普通に見えたから，そのまま写真撮影したら，視野の左右で極端に明るさの異なる写真となってしまった．肉眼で顕鏡しているときには気にならなくても，写真には照明のむらがそのまま表現される．写真撮影のときは光軸の調節を怠ってはいけない．

お出かけバッグ─とっさの時に困らぬために─

大学運営の仕事を一緒にしている筑波大本部教育推進部（学務部）には，大きなアルミトランク「お出かけバッグ」があり，事務室を離れて行う仕事で使う道具類，紐，ガムテープ，巻き尺，予備の電池などが隙間なくおさめられている．彼らは，どんな現場にでもこのケースを抱えれば飛び出せる．

実験室にも，こんなキットは欠かせない．第一が小さな怪我や火傷の処置のための救急箱（First-aid Kit）である．これを探していたのでは意味がないので，私の実験室では，救急キットの置き場には，大きな赤十字とともにFirst-Aidと大きく書くようにしている．

第二は，機器の簡単な修理やトラブルシューティングのための，ドライバー，プライヤー，レンチ類，そしてテスターといった工具類だが，ネジを締めたことのない学生が少なくない昨今，工具を使わせるのは危険なのかもしれない．

防災キットも普及している．先の震災では，学科の事務室にあった防災キットは活用されなかった．パニックに陥っているときにみる訳のないロッカーの下の棚にあったのもその一因だが，後で開けてみると，乾パンや水とともにFMラジオが出てきた．皆で「ラジオあったんだ」といったのだが，電池はなく，イヤホン式なのにイヤホンは入っていなかった．

緊急時のためのキットは，「お出かけバッグ」のように，どんどん使い，さらにイメージトレーニングで内容を吟味し，つねに過不足を点検しておく必要がある．

Ⅳ　実験環境のいろは

Question
68 蛍光顕微鏡観察で気をつけることは

Answer

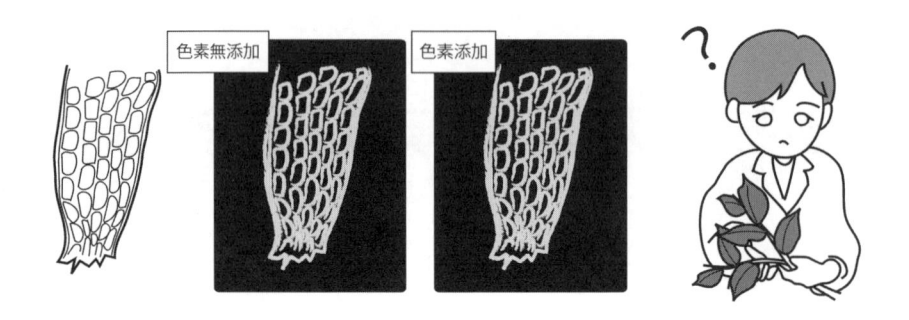

色素無添加　　　色素添加

蛍光顕微鏡は，形態と分子を結びつけるために欠かせない．水銀ランプを光源とする蛍光観察顕微鏡は直接見ると危険な紫外線を含む光を利用し，蛍光色素にも有害なものがあるため，操作には知識と準備が必要である．

1. 蛍光観察の背影
① 励起光のエネルギーによってずれた核外電子の軌道が，安定な軌道に戻るときに蛍光が放出される．蛍光は励起光より波長が長くなる．
② 蛍光色素は励起光を受け，色素ごとに固有の波長の蛍光を発する．
③ 染色対象に対して特異性の高い蛍光色素が開発されている．

2. 蛍光顕微鏡の構造
対物レンズから励起光を照射し，試料から発せられた蛍光を同じ対物レンズで受ける同軸落射顕微鏡が一般的である．
① 光　源：通常の観察用の可視光はハロゲンランプ，蛍光観察用には水銀ランプが用いられてきたが，近年はLED照明のものもある．
② フィルター：鏡筒内に，必要な波長の光だけを選択する励起フィルター，励起光を反射し蛍光を透過させる分離するダイクロイックミラー，必要な蛍光以外の光を吸収する吸収フィルターの3種類のフィルターをもつ．フィルターのセットは用いる波長によって交換する．

3. 基本的な留意点
① 光源の水銀ランプは，オンオフの繰り返しで極端に劣化する．オン，オフの

後は，30分以上その状態を保たなければならない．
② 水銀ランプからは，強い紫外線が放射される．光学系の劣化を防ぐためにも観察時以外はシャッターを閉じ，不必要な照射を防ぐ．
③ 蛍光色素には，励起光にさらされることで速やかに退色するものが多い．使用に際しては，観察直前まで暗黒に保つようにする．また，写真撮影のための光量を維持するため，観察は迅速に行う．

4. 精度の高い観察のための注意

蛍光観察は，検出の感度も高く，説得力のあるデータとなりえるだけに，注意が必要なポイントがある．
① 自家蛍光：生体内に存在する分子が励起光によって発する蛍光を自家蛍光という．試料の自家蛍光について予備実験を通して知っておくことが必要である．また写真撮影の際には，染色していない試料に励起光を照射した写真も撮影する．
② 適切なフィルターの使用：蛍光色素の励起光には至適波長を中心に多少の幅がある．励起光の波長域を広くとれば明るく観察できるが，染色の特異性などの精度は低下する．
③ 蛍光観察では，わずかなピントの操作で画像が大きく変化する．

失敗例

● 蛍光顕微鏡で，時間をかけて注意深く観察したところ色素が退色してしまい，データとしての写真撮影ができなかった．写真撮影が主な目的のときには，視野を選びピントをあわせるまでの操作はできるだけ手早く，さらに可能であれば光量を落として行わなければならない．
● 赤い蛍光を発する色素で，植物の葉の切片を染色して観察しようとしたが，染色されないはずの葉緑体からも赤い蛍光が強く発せられてしまい，説得力のある写真が撮影できなかった．生体内には蛍光を発する分子が存在することがあり，特に高等植物で著しい．そのような自家蛍光の有無は事前に調べ，同一の波長域を避けた蛍光色素を選択することが大切である．

Question 69 顕微鏡で細胞数や組織の長さを測定するには

Answer

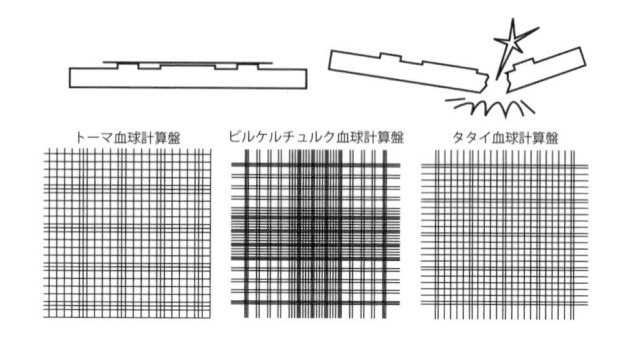

トーマ血球計算盤　　ビルケルチュルク血球計算盤　　タタイ血球計算盤

顕微鏡下で細胞数や長さを測定するとき，サンプル量が少ない場合には血球計算盤やマイクロメーターを用いるのが基本である．大量のサンプルを扱うためにはフローサイトメトリーを利用するなどの方法もある．

1. 血球計算盤による細胞数の計測

血球計算盤はスライドガラス程度の大きさの厚手ガラス盤で，専用のカバーガラスをかけると一定容積の目盛り室が得られる．トーマの血球計算盤と呼ばれる形式のものが有名だが，目盛り室の容積や，目盛り線の刻み幅などの違うさまざまな形式がある．血球計算盤での計測では以下の点に注意する．

① 細胞の濃度を適切に調整する．
② 細胞は均一に懸濁しておく
③ 厚みのある専用のカバーガラスは計算盤の所定の位置に密着させる．密着していると，カバーガラスとスライドガラスの接する面にはニュートンリングが観察される．
④ 血球計算盤は小さな衝撃で簡単に割れるので，わずかな高さからでも落としたりしないよう，細心の注意で取り扱う．
⑤ 目盛り室の外枠にかかっている細胞の取扱いや，形の異常な細胞の取扱いなどを具体的に決めておかないと，測定ごとに数値が異なる原因となる．

2. 顕微鏡下での長さの測定

長さの測定には接眼レンズにセットした接眼マイクロメーターの目盛りと用い

る．ただし，接眼マイクロメーターの1目盛りの長さは対物レンズの倍率によって変化するため，光学系の外にあり絶対値である対物マイクロメーターの目盛りを用いて，その観察条件での接眼マイクロメーターの目盛りの長さを測定する．

3. 顕微鏡写真からの長さの測定

写真撮影時に，対物マイクロメーターなど長さの正確なもの（以下「ものさし」と呼ぶ）を撮影しておく．このときも，サンプルと同じピント面で撮影することが望ましい．デジタル写真では，加工中の倍率の変化にも気をつけ，「ものさし」の写真をサンプルと同時に加工するか，使用する写真にはあらかじめ「ものさし」から計算した長さのスケールバーを別レイヤーで記入しておく．

失敗例

- 血球計算盤で細胞数を計測しようとしたが，盤上に4つある目盛り室のそれぞれで細胞数が全く異なっていて，信頼できるデータが得られなかった．凝集しやすい細胞を扱う場合や，希釈してから計測する場合には，細胞が均一に懸濁されるよう十分に撹拌するか，凝集を妨げることのできる緩衝液を用いることが大切である．
- 細胞の大きさを測定するために写真撮影をした．撮影した写真を組み写真にした後で，スケールを入れ忘れているのを指導教官から指摘された．結局もとの写真にスケールバーを入れてから組み写真をつくり直す二度手間となった．

Question 70 電子顕微鏡観察で気をつけることは

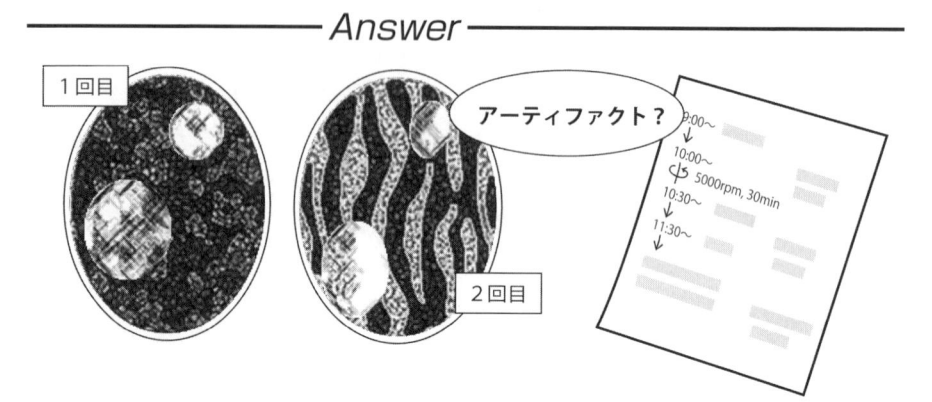

Answer

微細構造の観察からは多くの情報が得られる．しかし，観察しているのが試料のどの部分なのか，そもそも試料が観察できているのかの確認を忘れてはならない．

1．信頼される画像

数値データの信頼性は，有意性の検定など統計的な処理を行うことで裏づけられる．光学顕微鏡写真は一つの画面に複数の細胞が入るため，写真そのものから一例報告ではないことを示すことができる．細胞の部分をクローズアップして示す電子顕微鏡像で信頼されるには，美しい画像，説明したい部分が鮮明なこと，透過型電子顕微鏡では必要に応じて細胞核など細胞内の構造を同時に示せる画像を選択するなどの配慮をする．そのような美しい写真は，相当数の画像を観察しないと得られないはずなので，一例報告ではないことの証明となりうる．

2．アーティファクト

電子顕微鏡での試料は多くのステップで調製するため，本来は存在しなかった構造が，あたかも存在していたかのように観察される可能性がある．このような人工的に生じてしまう偽事実はアーティファクトと呼ばれ，さまざまな実験で問題になるが，電子顕微鏡観察では特に注意する必要がある．固定や脱水での変形や変性，透過型電子顕微鏡では包埋する樹脂の性状や電子染色の方法，走査型電子顕微鏡では乾燥の条件などを十分に検討しなければならない．

3. 光学顕微鏡像との対応

電子顕微鏡，特に透過型電子顕微鏡では，組織や細胞の全体ではなく部分を観察することも多い．そのような場合，自分が観察しているのが組織のどの部分なのか，確認を忘れないことが大切である．走査電子顕微鏡の場合には，試料を光学顕微鏡や高倍率の実体顕微鏡で十分に観察しておく．透過型電子顕微鏡では，切片を切りながらトルイジンブルーなどの色素で染色して光学顕微鏡で確認し，目的と考えられる切断面が得られたところで電子染色して観察する方法もある．

4. 透過型電子顕微鏡での留意点

固定から包埋までの過程，特に樹脂をよく混ぜることで完全に均一にすること，十分な時間をかけて試料に完全に樹脂を浸透させることは，とても大切である．また，薄切前の試料のトリミングも丁寧に行わないと，目的の切断面が得られない．繊細な操作が多い技法であるが，このような基本的な操作が成否を左右する．

5. 走査型電子顕微鏡での留意点

試料の形を歪ませることなく乾燥するための凍結乾燥と，乾燥後の試料の表面を金などでコーティングするスパッタリングが重要な工程である．特にスパッタリングは重要で，十分に行われていなければ放電の原因になり，厚すぎると微細な構造が観察できなくなる．また，観察しながら試料の角度などを変えられるので，美しく，説得力のある画像が得られるまで，さまざまな方向からの画像を観察する．

失敗例

- 細胞核の内容物を段階的に抽出しながら，後に残る構造を透過型電子顕微鏡で観察していた．ある条件で今までに見たことのない構造が検出されたので，学会でも報告したのだが，今になって考えると何だったのかわからない．アーティファクトだったのか，それとも何か意味のある構造だったのか．

Question 71 バイオハザードの取扱いは

Answer

バイオハザードは，生物が引き起こす災害であるが，実験室では狭い意味で感染性微生物や遺伝子組換え体を示すことが多い．しかし生態系への影響まで考えると，実験室で扱う全ての生物が潜在的な危険性をもつという認識をもつ必要がある．そのため，実験で扱う全ての生物について，環境に拡散しないよう注意しなければならない．ここでは，遺伝子組換え体について述べるが，細菌やウイルス，さらに実験系統として利用されるすべての生物も基本的には同じように扱う．

1. 遺伝子組換えに関する法律

① 適用される法律：遺伝子組換え体に関する規制は，1975年のアシロマ会議での自主規制に始まり，国際的には2003年の「生物の多様性に関する条約のバイオセーフティに関するカルタヘナ議定書」に至っている．そして現在，日本国内では「遺伝子組換え生物などの使用等の規制による生物の多様性の確保に関する法律」（カルタヘナ法）によって規制されている．

② 申請と届出：実験を行うには，遺伝子組換え体を扱う実験室，保管場所に関する申請，実験従事者の訓練と登録，個々の遺伝子組換え実験についての届出あるいは申請が必要である．すなわち，建物，従事者，実験と三つのレベルで申請あるいは届出が受理されなければ行ってはならない．

③ 組換え体の入手：組換え体の入手と譲渡に関しては，譲渡者が譲受者に対して適正な使用が可能であるための情報提供が義務づけられている．法律違反が起きた場合に責任を問われるのは，譲渡者側である．

2. 実験操作での留意点

基本は無菌操作だが，無菌性を確保するだけでなくバイオハザードを飛び散らせないための丁寧な操作が必要である．

① クリーンベンチとセーフティキャビネット：クリーンベンチは無菌を保証し実験対象を雑菌から守るが，実験従事者の安全は確保されない．一方，セーフティキャビネットは内部が陰圧になっていてバイオハザードが外部に飛び出すことがなく，実験従事者の安全が確保される．このように両者は守る対象が本質的に異なる．

② ピペットや白金耳の火炎滅菌：バイオハザードを含む培地が沸騰して飛び散ることで，汚染を引き起こすことがあるので，火炎による滅菌は避けるようにする．

3. 廃棄物

バイオハザードが付着した可能性のある全ての廃棄物は，オートクレーブなどで滅菌してからでなければ，実験室から搬出してはならない．

失敗例

● 微生物を含む廃棄物を，バイオハザードマークのついたバッグに入れてオートクレーブ滅菌した．安全なのでゴミに出したのだが，何らかの原因でバッグが破れ，中から滅菌済みの培地が流れ出した．これを事情をしらない職員が見つけ，バイオハザードが流出したと勘違いして騒ぎになった．一般の人に無用な心配をさせないためにも，滅菌済みのバッグには「滅菌処理済み」など，適正に処理されていることを大きく書いておく必要がある．

Question
72 予期せぬ事態に備えるために
Answer

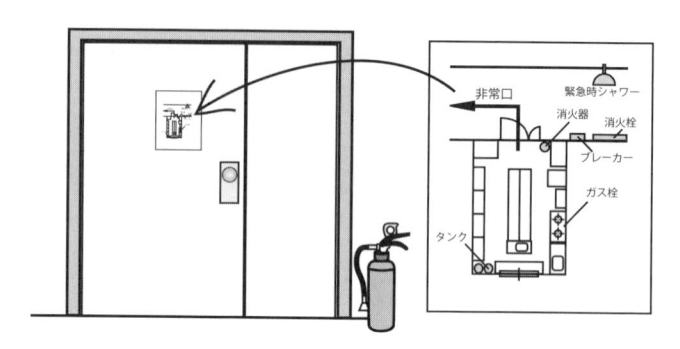

実験を始めてしまえば，頼れるのは自分だけ．これから本格的に実験に取り組む人も，自分が指導的な立場になったつもりで，安全管理を考えて欲しい．

1. 実験室は事故が起きうる場所

実験室は，通常は遭遇しない「何か」が起きることが想定されている場所である．ガラス製器具の破損など軽微なものまで含め，事故が一切起きないなら実験室は必要ない．我々は，そういう場所で，危険と隣り合わせで実験をしている．実験室でボケっとしていてはいけない．

2. 不測の事態は予測できないが

運悪く事故に出会ったら，ほんの一瞬「何がどうなったのか」を考えてみよう．「不測の事態に備えて」は論理矛盾で，備えられないのが不測である．「予期しないデータ」に遭遇したときのように冷静に考えれば，安全のための「次の一手」は見えてくる．

3. ハード面では

毒物・劇物・危険物である薬品，高温や大電流など，実験室内の危険について，指導的な立場の者は実物で説明するように心がける．さらに，事故の被害を大きくしないために，通報の手段，複数の避難経路，止めるべきスイッチ類と消火器やシャワーの位置などを実地で確認し，触れてよいものには触れておく．

4. ソフト面では

事故があっても，「キャー」などの悲鳴を上げてはならない．悲鳴では具体的な

何かが伝わる前に，人をパニックに陥らせるためである．

　危険を伴う操作の練習では，もし事故が起きたらどう対処するかを理由とともに知っておく．例えば，高速遠心機の異常では，すぐにタイマーをゼロにするかSTOPボタンを押し，近くにいる人たちに事故が起きたことをはっきり伝える．電源はそのままオンにしておいた方がブレーキによって早く停止するなど，装置の特性を知っておくとよい．

5．操作や反応を原理で理解
　反応の原理や操作の条件や意味を知っておくと危険性と，事故の際の処理方法を考えることができる．

6．実験室はプロの仕事場
　たとえ家庭用の冷蔵庫が置いてあっても，何も考えずに扉を開けたら，その衝撃で何かが起きるかもしれない．指示されたこと以外の行動は厳に慎しむ．

7．実験の後始末は確実に
　廃棄物や廃液が事故の原因になることが多い．実験の後始末の方法を，あらかじめよく確認しなければならない．

実際例

- 隣の実験室で，廃液タンクからクロロホルムが流出しているのを，発見した．息を殺して実験室に突入し，窓を開け放って二次災害を防ごうとした．そのとき，大学院生のK君が僕のすぐ後ろで，早く行こうと僕を押した．早く何とかしたい気持ちはわかるが，君は，自分の安全を確保して，もし，僕が倒れたら通報する役だ．
- 東日本大震災の後，停電からの復旧前に，我々は全ての電気コンセントからプラグを抜き，末端の開閉器もオフにした．これで，不慮の火災が防げたと考えている．

Question 73 電気を使うときの安全は

Answer

実験室の電気設備や,機器にも安全装置は備わっている.しかし,家庭に比べて多種多様な装置を用い,消費する電力も大きいため,従事者自身が安全に配慮することが求められる.

1. 必要な基本知識

オームの法則すなわち,電圧(V) = 電流(A) ×抵抗(Ω) という関係と,電力(W) = 電圧(V) ×電流(A) であること,直流と交流などの基本知識で,合理的な配線やテスターでのチェックをすることができる.

2. 電源の入れ方と落とし方

特に指示がない限り,機器の電源を入れるには基幹から末端へ向かう.電源を切るときにはこの逆で,末端から基幹に進む.電源のオンオフ時に一瞬の大電流が回路に流れるのを防ぐため,出力を最少の状態にしておく.

3. コードなどの定格とたこ足配線

テーブルタップによるたこ足配線は接触不良と容量オーバーが起こる原因になる.コンセントや電気コードは,それぞれに定められた定格の範囲内で使用する.

通電中のコードが暖かくなっている場合,容量不足か,接触不良などの可能性があるので,直ちに使用を中止して原因を明らかにする.

4. 短絡(ショート)と接触不良

ショートによる大電流は,発熱によるコードの絶縁被覆などからの発火の原因になる.一方,プラグのはめ込み不良や,接続ねじの緩みなどの接触不良や,コー

ドの半断線状態による接触抵抗によっても発熱する．コンセントの接触や，コードの極端な屈曲には注意が必要である．

5. 研究室にきている電源（分電盤とブレーカー）

分電盤の配線を素人が行ってはいけない．一方で分電盤には配線図が備わっており，どのコンセントや開閉器が一つの回路となっているのかや，その回路の容量を知ることができる．また，供給されている電圧が 100 V か 200 V か，単相か三相かなども知ることができる．

6. テスターを使おう

電気機器のトラブルや回路の確認には，テスターが欠かせない．ただし回路の点検は，その回路にかかっている電圧や流れている電流を想定し，測定しても安全であることを十分確認してから行うこと．

7. 停電したら

機器の電源が突然落ちたら，① 機器の安全装置が働いたのか，② ブレーカーが落ちたのか，③ ブレーカーが落ちたのであれば，なぜ容量を超過したのか，④ 建物単位など基幹単位での停電か，⑤ より広範囲での停電か，など原因を直ちに確認する．個別の機器や回路のトラブルなら，その原因を追求し，安全を確保する．一方，広域での停電の場合には，電源が復帰するときに全ての機器の電源が同時に入るのに伴う電圧低下が二次被害を生じることがあるので，個別の機器のコンセントを抜いてから復帰に備えるべきである．

事故例

● コンセントから，容量の低いテーブルタップでたこ足配線をして何年も，さまざまな機器を動かし続けている実験室があった．コンセントからプラグを抜いてみると，コンセント側の樹脂が炭化しかけていた．何年も，コードの定格を超えて使用していたことと，プラグ付近にほこりをためていたことなどが原因だが，もう少しで火事になるところだった．

Question 74 火事などへの対処は

Answer

　被害を最小限にとどめるためには，実験室内の予期せぬ災害でもパニックにならないよう，定期的に訓練をしておくことが大切である．

1. 火災が起きたら

　火災の状況を確認した上で，「火事だ」と大声で知らせる．感知器が作動し火災警報器のベルが鳴れば，防災の拠点では異常事態に気づくはずだが，ベルが鳴らない場合には火災報知機のボタンを押す必要がある．また，送話器を用いて状況を報告する．

　危険がなければ，消火器などを用いた初期消火を試みる．なお可能であれば，消火に先だってガスの元栓や電気の開閉器を遮断する．火災が手に負えない場合や，危険物の保管状況によっては，速やかに屋外に避難する．

2. 消火器の種類

　消火剤には，一般火災用のA，油火災用のB，電気火災用のCという使用区分がある．火災の種類や状況によって適切な消火剤を用いないと二次災害を引き起こす可能性があるので，それぞれの消火剤による消火の原理を知ることが必要である．実験室での小規模な火災では，二酸化炭素消火器，粉末消火器，強化液消火器の順で用いるのが原則である．

　① 二酸化炭素消火器（BC消火剤）：二酸化炭素によって酸素を遮断することで消火する．有機溶媒への引火や電気火災の初期消火に適している．また，消火後の汚れによる被害は少ない．消火器は，ノズルの先端にホーンをもつ

ことで判別できる．

② 粉末消火剤：BC 消火剤として炭酸水素ナトリウムを主成分とするものと，ABC 消火剤としてリン酸アンモニウムを主成分とするものがある．後者は全種類の火災に対応するもので，日常よく目にする消火器である．初期火災から，比較的大きな火災まで有効である．消火後は，消火剤による汚染がある．

③ 強化液消火剤（ABC 消火剤）：炭酸カリウム水溶液を噴霧する．周囲を汚染するので初期消火には適さない．

3. 地震への対処（Q75 参照）

地震による薬品容器の転倒や接触による破損を原因とする事故，危険物の漏洩や発火，爆発を防ぐための対応はかなり行き届いてきた．東日本大震災でも，研究室からの火災などはほとんど報告されていない．ただし，揺れ方によって被害は異なると考えられるので，現状をさらに改善する努力は必要であろう．

棚やロッカー類の固定も常識となっているが，壁面に打ったビスが効いていなかった例や，壁の表面が棚などを固定できる強度をもっていなかった例が同上の震災において筑波大学では多くみられた．ロッカー類は壁面に固定するだけでなく，足元を床のコンクリートに固定する必要がある．

4. 地震がきたら

大きな揺れが予想されたら，危険な操作を中止し，避難路を確保する．揺れが収まった後に退避する場合には，可能であればガスの元栓を閉め，電源を落としてから退避する．

事故例

● 実験台から機器類が落ちるという例も東日本大震災では多くみられた．通常，実験台上にある顕微鏡や分析機器類は固定されていない．これらを，どのように固定するかは今後の課題である．

Question
75 実験室の地震対策は

Answer

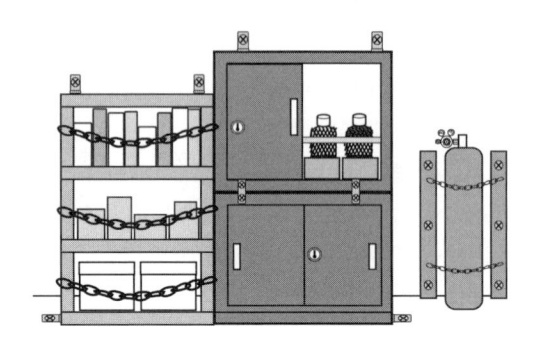

　残念ながら，これでよいという絶対的な対策はない．揺れの方向や振幅，周期などのためか，東日本大震災のとき，筑波大学の5階建てから7階建の建物では什器の転倒は少なく，机の上の軽いものは動かなかったが，大きく重い機器が実験台の上から落ちたり，重い机が動いたりした．低いものや卓上の機器まで含めて固定しておくこと，気になる個所はつねに改善しておくことが大切である．

1. 保管庫や棚の固定
　高さ1.5 mを超える什器は，壁面だけでなく足元を床のコンクリートに固定するとよい．壁面への固定は有効ではない場合もある．例えば，長押（なげし）的な部分では重量物は支えられず，石膏ボードやモルタルの内壁にはボルトは効かない．筑波大学の研究室では，書架を固定していた長押状の木が地震で壁から剥がれ，壁を突き破った例もある．

2. 棚の転落防止柵
　扉のない棚には，転落防止の柵やチェーンを設置する．プラスチック製チェーンでも手でもてる程度の段ボール箱なら支えられることが多い．

3. 試薬瓶の破損防止
　試薬棚の中でガラス瓶が互いにぶつかりあって破損しないように，動かないような対策を講じるか，プラスチック製のネットを被せる．

4. 実験台上の機器
　東日本大震災で，筑波大学では分析機器や顕微鏡など，実験台上の機器が動く

ことで被害が生じた．実験台上の機器の固定も考えたい．

5．実験中の溶液や試料

　実験台の上には，必要なものだけを置くようにする．蒸留水など，それ自体に危険性はないものであっても，流出すれば二次被害を引き起こす可能性がある．危険物や劇物だけでなく，全てのものについて整理，整頓，固定を徹底しなければならない．

6．ガスボンベ

　移動用のラックではなく，壁面に確実に固定する．

7．廃　液

　廃液のタンクは危険物と同様の転倒防止策を講じる．

8．電気やガスの元栓

　非難するときや事後の早い時点で，可能であれば，電気のコンセントを抜く，必要に応じて開閉器で電源を落とす，ガス栓を閉じるなど，二次災害の原因を取り除いておく．そのためには，コンセントなどの前に物を置かない，日頃からコンセントの位置を確認しておくなどの対策が必要である．

9．保管中の貴重な試料

　停電で冷凍庫が停止するのは想定内の出来事である．貴重な試料の保管は，寒冷剤によるバックアップや危険分散を行うのが常識である．

事故例

- 地震で棚から落ちた機器が，現像液の廃液タンクを直撃した．飛び散った現像液をふき取りながら，危険な溶液だったらと背筋が寒くなった．
- 高さ70 cm程度のロッカーは転倒の危険は少ないので固定していなかった．ところが，地震でこれらが動き回ることで被害がでた．たとえ転倒しなくても動いてはいけないものは固定すべきである．

Question
76 停電への対策は

Answer

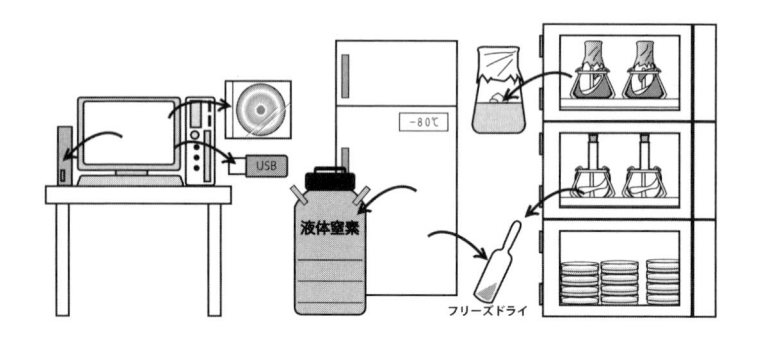

電気設備の定期検査だけでなく，落雷による短時間の停電や，災害による数日間の停電も起こりうる．不意の停電に対処するのは難しいが，冷凍庫内のサンプルなどへの被害を軽減する対策は立てておきたい．

1. 停電したら

原因が何であれ，再び通電したときに過電流が流れたり，電気系統全体での電圧低下が起こったり，停電中に倒れたりした機器によって事故が起こることを防ぐ必要がある．メインスイッチをオフにする，開閉器をオフにしたりコンセントを引き抜くなど，機器への不用意な再通電を防ぐ措置を行う．

2. 非常用電源

自家発電による電源のバックアップは，最も一般的な方法であるが，冷凍庫や振盪インキュベーター数台を稼動させるのであれば，比較的小型の発電機でも対応できる．パソコン用の無停電電源装置（UPS）を利用できる実験用の機器は限られている．

3. 機器ごとの留意点

① 冷凍庫：超低温フリーザーには，オプションとしてバッテリーから制御用の電力を供給して液化二酸化炭素を噴出させる補助冷却装置が用意され，48時間程度まで低温を維持できる機種がある．電源の点検など，事前に停電することがわかっている場合には，ドライアイスによるバックアップも可能である．予期できない短時間の停電への対応としては，冷凍庫内に熱容量の大

きなものを入れておくという方法もある．
② インキュベーターや振盪器：温度管理は困難になる．液体培地中で振盪培養されているものは，酸欠を起こす可能性が大きい．あらかじめ停電がわかっている場合，懸濁培養物は細胞密度を低くし，シャーレで静置培養することで酸欠を防ぐことが可能な場合がある．
③ パソコン：停電だけでなく，さまざまな要因によるデータの消失に備え，複数の記録メディアにデータを保存しておく．
④ 電気容量の大きな機器：再び通電したときに過熱したり，いきなり大電流が流れるのを防ぐために，スイッチを切っておく．

2. サンプルについての留意点

① 冷凍保存されている生体サンプル：複数のフリーザーに分散して保存する方法もあるが，大規模な停電では無意味である．本当に必要なサンプルは，少量であれば細胞とともに液体窒素タンクで保管する方法も考えられる．
② 抗体などの生体高分子：抗体などは凍結乾燥することで，短期間であれば常温での保存が可能である．溶液状態での冷凍保存だけでなく，乾燥状態での保存をすることも可能である．
③ 制限酵素など：一般的には冷凍庫内の温度を保つしか方法はない．冷凍庫内に，さらに保冷剤を納めた発泡スチロールの箱に入れて保管することで，停電による温度の上昇を遅らせることは可能である．

実際例

● 東日本大震災で，冷凍庫中のサンプルが溶けてしまう例が多発した．被害といえば被害だが，果たして全てが冷凍保存しなければならなかったサンプルなのか，凍結乾燥ではいけなかったのかなど，考えるべき課題は多い．

Question 77 実験廃液と廃棄物を処理するには

Answer

　実験は，廃棄物を安全に処理し，機器を元通りにして終了する．実験のプロトコールには，廃液や廃棄物の処理も指示するとよい．実験廃棄物には，廃液，スラッジやゲル，生物由来のもの，試薬の付着した器具や手袋，ティッシュペーパー，壊れたガラス製器具など多様なものがある．ここでは，主に廃液と試薬などの付着した廃棄物について述べる．

1. 基本は「原点処理」

　廃棄物を出した実験室で可能な限りの処理を行うことを，原点処理という．実験を行った当事者ならば，その廃棄物に何がどれくらい含まれているかを知っているので，少なくとも安定，安全に保管するだけの処置を講ずることはできる．

2. 原廃液の分別

　実験で生じた廃液を原廃液と呼ぶ．原廃液は組成に従ってポリタンクなどに分別して安全に保管し，ある程度の量になったところで処理に出す．原廃液としてポリタンクに保管するのは，ガラス製器具内に残った廃液と，これを捨てた後の器具を少量の水や溶媒ですすいだ廃液である．

　実験廃液の具体的な保管や処理の方法は，事業所ごとにマニュアル化されているのが通例である．マニュアルには化合物ごとの方法が指示されているが，分類できない混合物も多い．不明な点があるときには，事業所の担当部署に問い合わせる．

3. 原廃液の保管と処理施設への搬出

　原廃液には，危険物や毒劇物も含まれている．そのため，廃液を一時保管するポリタンクは適切な場所に置かれなければならない．また廃液によっては，タンクの材質にも注意しなければならない．

　廃液は保存中に沈殿を生じたり，二層に分離したりすることがあるので，処理のため搬出する前に沈殿や分離の有無を確認する．

　廃液の処理は，事業所での処理と，専門業者への委託の2通りの方法がある．事業所内で処理する場合の方法は，各事業所の内規に従うことになる．一方，外部委託する場合の廃液は，特別産業廃棄物の扱いとなり，発生源の研究室などでマニフェストを作成する義務がある．

4. 有害物質で汚染された廃棄物

　毒劇物や危険物，有害物質が付着していて洗浄することが困難なもの，例えば沪紙やティッシュペーパーは，その化合物を含む廃棄物として適正に処理されなければならない．一方，法的な規制がなく，焼却することが有効な処理法である場合，例えば，発癌性の物質が付着した可燃性の廃棄物は，焼却されるまで作業者の手に触れないように二重のバッグに入れて処理する．

5. 廃試薬

　実験室には使われなくなった試薬も存在する．これらは廃棄するのが原則だが，使ってくれる研究室があれば，帳簿とともに適切に委譲することで，実験環境の安全を保つことができる．

> **事故例**
>
> ● 「高濃度危険」と書かれたボトルが実験室の隅に置いてあった．内容物がわからない．このケースは廃液処理施設との連携で処理できたが，廃液には内容物と責任者（研究室）を明記しておく必要がある．
> ● 冷蔵庫内が黒ずんできたのを不思議に思っていた．原因は，プラスチックチューブに入った四塩化オスミウム廃液からの蒸気だった．処理法がわからないからといって，ただ溜めているのは危険である．

Question 78 実験排水で気をつけることは

Answer

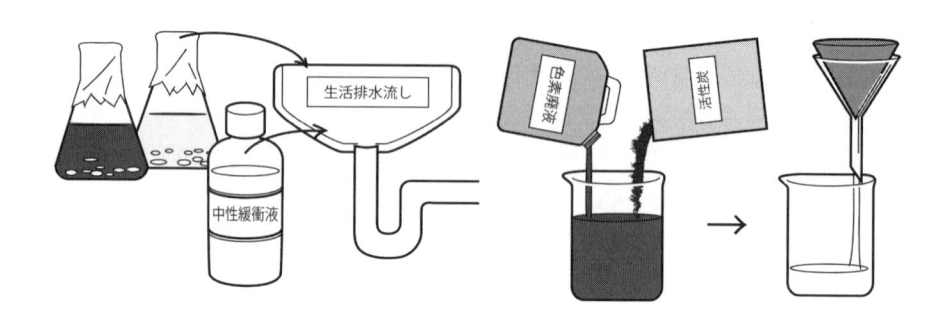

　原廃液を捨てた後の実験器具を洗うときに流しで使われた水が実験排水である．廃液と排水は，含まれている化合物などの濃度が何桁か異なるだけだが，廃液は処理施設で無害化の処理を受け，排水は下水道に流れるという点で決定的に異なる．

1. 器具の洗浄までの手順（筑波大学の規則）
① ビーカーなどに残っている実験廃液は，事業所ごとに定められている方法に従って分類し貯留する．
② ビーカーなどの器具を少量の水か溶媒で2回ほどすすぎ，この洗浄液も原廃液として扱う．
③ 汚れがほぼなくなったことを目視で確認する．
④ 流しで洗う．

2. 実験室の流しに流してよいもの，悪いもの
各事業所の内規に従う必要があるが，一般的には以下のような区別がされる．
① 培養液や実験動物に由来する排液は，富栄養化を進めるものではあるが，生活排水と同じ扱いが可能．
② 中性の薄い無機溶液で，法的な規制がなく毒性もないものは生活排水として放流することができる．
③ 無機の溶液であっても，酸性やアルカリ性を示すものは適切な方法で中和し，十分に希釈することが必要．

④ 毒性のある化合物を含む可能性がある場合には，①，② の場合でも無害化の処理をしなければ，公共の下水道への放流をしてはならない．処理は，専門的な知識と，安全性の検証を行うことができる専門の施設や業者に委託するのが一般的である．

⑤ 法的な規制がなくても，イオン交換樹脂などで取り除ける発癌物質や色素を含む溶液の場合には，実験室内で除去の処理を行ってから放流する．

⑥ 上述以外の溶液を，公共の下水道に放流してはならない．

3．実験排水中に流れ込みやすい化合物

① クロロホルム：分子生物学で多用されるクロロホルムの水中濃度には，指針値があるにすぎない．しかし，クロロホルムは水よりも比重が大きく，水とは混ざらず，微生物によって代謝されることもない．下水中に放出されたクロロホルムは，場合によっては地下水の下層に蓄積する可能性すらある．多くの実験室でDNAを扱っていることを考えると，各実験室からの排出量は少なくとも「塵も積もれば山」となることを忘れないようにしたい．

② ジクロロメタン：有機合成に使うと考えられるが，ジクロロメタンも排水中に混入しやすい．徹底的な回収を心がけてほしい．

本当にあった話

● 鉛を使っている研究室はないのに，実験排水に鉛が検出された．調べてみると，鉛で張ってある古い流しに酸を流したため，鉛が溶け出したことが判明．古い設備にも要注意だが，中和しないで排液を流すのは厳禁．

● 筑波大学では実験廃棄物を管理する委員会に，芸術系の先生が加わっている．理由は簡単で，重金属の含まれている絵の具や有機溶媒を使用するため．実験試薬だけでなく，意外なところにも問題となる化合物は隠れている．

Question 79 生物体の廃棄の方法は

Answer

　実験に使わせてもらった生物体を不適切に廃棄することは，倫理的にも大きな問題であるとともに，環境の保全のためにも許されるものではない．特に生きている生物体を環境に放出することは，外来生物による環境破壊と全く同じ結果をもたらすと考えるべきである．全ての生物体は，バイオハザードと同様の配慮で最後まで扱わなければならない．

1. 法的な規制がかかる化合物や放射性同位元素を投与された生物体

　有害物質や放射性同位元素を投与された生物体の廃棄物は，投与された物質名や量などを明記し，保管から搬出，処理まで規則に従って行う．

2. 有害物質などを含まない生物体

　基本的には死滅させてから廃棄する．大量の生物体を土中に埋めると，その場の微生物のフローラを乱す二次的な問題を引き起こす原因にもなりかねない．焼却することが望ましいが，埋める場合には事業所内で十分に検討した専用の場所を利用するなどの配慮が必要である．

① 動物の死体：基本的には焼却処分する．保管時の体積を減らし，腐敗を防ぐとともに，焼却を容易にするために乾燥処理を行うことがある．

② 植物体：栽培植物であれば，台所の生ごみと同様の処理を行う．適切な場所で堆肥とすることも可能であるが，どのようなものでも不用意に環境中で増殖することがないよう，不定芽などが再生してこないような処理は必要である．

③ 菌類，藻類，原生動物および細菌：そのまま環境に放出すると，微生物のフローラを乱す可能性がある．たとえ，近隣で採取したものでも高濃度で放出してはならない．オートクレーブなどで死滅させてから廃棄する．
④ 培養細胞：一般的に培養細胞がフラスコ外で増殖することはないので，滅菌処理は必要ないと考えられる．しかし，有害物質や放射性同位元素を投与されたもの，ウイルスなどを含むものなどは，それぞれ適正な処理をしなければならない．
⑤ 培地や緩衝液などに混入した微生物：無菌操作に失敗したり，長期間保管された溶液には，微生物が混入するコンタミネーションが起こることがある．これらの微生物は有害な可能性もあるので，必ず滅菌処理を行ってから廃棄する．

事故例

● 実験に使用した植物体を，培養土とともに建物の裏手に積み上げていたところ，大量の虫が発生し，建物内に侵入してきた．たとえ無害な栽培植物を廃棄する場合でも，生ごみを野積みするような形で行うと，ハエなどの不快害虫の発生源になる．

傘立て ―安全は便利より優先されねばならない―

東日本大震災のとき，私のいる建物では実験室内での大きな怪我などは報告されなかった．しかし，後日の聞き取り調査で，廊下に置かれていたものが倒れるなどして避難路の安全に問題があったことが明らかになった．責任者だった研究科長は，ただちに消火器以外は，傘立てに至るまで廊下のすべての物品を半ば強制的に撤去した．専制君主による粛清のようだったが，誰が何をいおうが安全は守るという，このときの研究科長の態度は賞賛に値する．研究に従事するすべての者は，自分の責任の範囲で妥協することなく徹底的に安全管理を行わなければならない．

索　　引

DNA　64, 67, 70, 72

JIS　18
JIS 規格　22

log book　4

Merck Index　14, 18, 22, 36, 117
MSDS　15, 21, 22, 24

PCR　70
pH　38, 40
pH 試験紙　39
pH メーター　38, 41

RNA　64

SI　6

あ　行

アガロースゲル電気泳動　68
アクリルアミド　74
アーティファクト　146
洗う　97
アルカリ　20
安全管理　150
安全性　18

一例報告　146
遺伝子組換え体　148
引火性　9, 120

ウイルス　83
ウエブカタログ　15
上澄み　124
運搬　129

英語名　16
液体窒素　111
液体窒素タンク　56
絵コンテ　136
エレベーター　128
遠心　124, 130, 132
遠心分離　59

汚染　92
オートクレーブ　34, 78, 80
オルガネラ　62
温度管理　58, 71, 112
オンラインカタログ　22

か　行

回収率　66
開閉器　158
外来生物　164
解離定数　41
核酸　64, 67, 68
撹拌　116
学名　17
化合物　16
火災　154
火傷　80, 104
ガスバーナー　108
画像ファイル　137
カタログ　14
活性　72
加熱　108, 120, 122
可燃性　9
紙製品　106
ガラス　100
ガラス電極　38
空だき　112
カルタヘナ法　148
観察　54
緩衝液　38, 40
乾燥器　108

感電　68, 80
乾熱滅菌　78
乾物重　122

機器のカタログ　14
危険物　20, 28, 44, 161
基質特異性　26
基本単位　6
逆流　119
キャップ付き遠心チューブ　102
吸光度　134
夾雑物　65, 69
記録　4
金属製品　104

組換え DNA　8
クリーンベンチ　86, 149
グレード　18, 22
クロロホルム　163

蛍光顕微鏡　142
蛍光色素　24, 107, 142
劇物　8, 20
下水道　162
血球計算盤　144
ケーラー照明　139
減圧　120, 122
元素　16
懸濁　124
検定済みの製品　34
原点処理　160
原廃液　160
顕微鏡　138, 144
顕微鏡写真　145

光学ガラス　101
光学顕微鏡　147
抗原決定基　76

索 引

光軸　139
酵素　23, 26, 72
抗体　23, 76
氷　110
国際単位系　6
固定　156, 157
コールドラン　10
コンタミネーション　84
コントロール実験　77

さ　行

採集　54
細胞　62
酸　20

紫外線　143
自家蛍光　143
色素　24
ジクロロメタン　163
試験管ブラシ　94
地震　28, 155, 156
自然発火性　9
失活　26, 42
実験室　150
実験台　92
実験ノート　4
実験排水　162
湿度　50
試薬　22, 28, 30, 32
試薬を溶かす　36
試薬カタログ　14
試薬簿　21
試薬メーカー　22
写真　11, 136
収差　137
純水　98
消火器　154
消火剤　154
使用記録簿　4, 28, 91, 134
蒸発　120
消防法　20
蒸留水　98
植物　48, 50, 52
真空ポンプ　120
人工気象器　50
振盪　114

振盪器　114
シンボールマーク　8

水道栓　94
スピード　115
すり合わせ　100

清潔　95, 105
正常な運転　90
清掃　92
製造番号　19
生体高分子　64
生体分子　66
精度　112
製品　14
製品安全データシート　15, 21, 22, 24
製品カタログ　18
生物材料　56
生物体　164
セーフティキャビネット　149

洗剤　96
洗浄　25, 96, 126
洗瓶　99

素材の特性　14

た　行

退色　143
耐熱性　102
タイマー　12, 109
タイムスケジュール　12
耐溶媒性　102
たこ足配線　152
タンパク質　65, 66, 74
単離　62

置換　122
窒息　111
抽出　64
潮解性　32
超純水　98
超低温　42
超低温フリーザー　56
沈殿　124

使い捨て用製品　103

ティッシュペーパー　106
停電　153, 158
定量　66
デカンテーション　124
デシケーター　43
データシート　11, 26
手袋　2, 21
電気　152
電気泳動　68, 74
点検　3, 90, 91, 100, 133
電源　152
電子顕微鏡　146
電子天秤　32
電子レンジ　109
転倒防止　157
転落防止柵　156

等級　22
統計　11
凍結乾燥　123
凍傷　111
透析チューブ　127
動物　48
動物の愛護　48
特異性　76
毒劇物　28, 161
毒性　24
毒物　8, 20
特別産業廃棄物　161
時計　12
突沸　81, 122
共摺り　60
トランスイルミネーター　69

な　行

流し　94

日本工業規格　18
乳鉢と乳棒　60

濃縮　120

は　行

廃液　25, 75, 160

索　引

バイオハザード　148, 164
廃棄物　160
廃棄物処理　78
排水口　95
培地　84
白衣　2, 24
爆発　111
発癌性　24, 68
発癌物質　163
発熱　75
パニック　3
反応条件　26

歪む　100
微生物　48
筆記具　4
ヒートブロック　110
避難　154
ピペット　34
標準液　39
表面殺菌　78
秤量　32
品種　48

フィールドワーク　54
服装　52, 55
腐食　104
ブラインドテスト　11
プラスチック製器具　102
フリーザー　42
篩　118
プロトコール　12, 58
分解酵素　63, 64
分光光度計　134
分電盤　153
分別　160

変性　42
ベンチコート　93, 107

放射性同位元素　8
保管　27, 44
保管庫　21, 28, 42, 156
保守管理　90
圃場　52
保存　77, 99
ホットプレート　108
ホモジェナイザー　125
ホモジエナイザー　60
ポリアクリルアミドゲル電気泳
　　動　74

ま　行

マイクロチューブ　102
マイクロメーター　144
磨砕　60
混ぜる　36
待ち時間　12

無菌操作　59, 86
無菌培養　84

メインスイッチ　158
メカニカルピペット　59
メカニカルピペット　35, 71
メスシリンダー　34
メスフラスコ　34
滅菌　78, 149
メディウム瓶　30, 31
眼の負担　138
メモ　9
メンブレンフィルター　78,
　　118, 119
メンブンフィルター　82

モデル生物　48

や　行

薬匙　33
薬包紙　32, 33
やけど　87

有害生物　54
有害物質　44, 161, 164
有機溶媒　44
湯煎　109, 117

溶液　44
溶液の濃度　6
溶解度　36
予行演習　10
予備実験　10

ら　行

ラベル　18, 29, 30, 42, 45
ラボラトリーマニュアル　5

臨界点乾燥　123
リンス　126

励起光　142
冷却　110
冷蔵庫　42
冷凍庫　42
冷凍保存　56

濾過　118
濾過滅菌　78, 82
濾紙　106, 118
ロット　19

著者略歴

野村 港二(のむら こうじ)

1959年　東京都に生まれる
1986年　東北大学大学院
　　　　理学研究科博士課程修了
現　在　筑波大学教授
　　　　理学博士

Q&Aで理解する
実験室の安全[生物編]

定価はカバーに表示

2012年6月25日　初版第1刷発行

著　者　野村港二

発　行　株式会社 みみずく舎
〒169-0073
東京都新宿区百人町1-22-23　新宿ノモスビル2F
TEL：03-5330-2585　　FAX：03-5389-6452

発　売　株式会社 医学評論社
〒169-0073
東京都新宿区百人町1-22-23　新宿ノモスビル2F
TEL：03-5330-2441(代)　FAX：03-5389-6452
http://www.igakuhyoronsha.co.jp/

印刷・製本：中央印刷　／　装丁：安孫子正浩　／　イラスト：有本光江

ISBN 978-4-86399-151-4　C3045